装饰装修
识图与制图

金荣科　闫永祥　著

江苏凤凰科学技术出版社·南京

图书在版编目（CIP）数据

装饰装修识图与制图 / 金荣科，闫永祥著. -- 南京 ：
江苏凤凰科学技术出版社，2024.6
ISBN 978-7-5713-4422-1

Ⅰ. ①装… Ⅱ. ①金… ②闫… Ⅲ. ①建筑装饰－建
筑制图－识图 Ⅳ. ①TU204

中国国家版本馆CIP数据核字（2024）第110213号

装饰装修识图与制图

著　　　者	金荣科　闫永祥	
项 目 策 划	凤凰空间/杜玉华	
责 任 编 辑	赵　研　刘屹立	
特 约 编 辑	杜玉华　代文超	

出 版 发 行	江苏凤凰科学技术出版社
出版社地址	南京市湖南路1号A楼，邮编：210009
出版社网址	http://www.pspress.cn
总 经 销	天津凤凰空间文化传媒有限公司
总经销网址	http://www.ifengspace.cn
印　　刷	河北京平诚乾印刷有限公司

开　　　本	710 mm×1 000 mm　1 / 16
印　　　张	13
字　　　数	208 000
版　　　次	2024年6月第1版
印　　　次	2024年6月第1次印刷

标 准 书 号	ISBN 978-7-5713-4422-1
定　　　价	78.00元

图书如有印装质量问题，可随时向销售部调换（电话：022-87893668）。

前言

　　装饰装修设计在实际运用过程中会涉及很多有关识图与制图的问题，如制图形式烦琐、制图尺寸不规范、透视方法掌握不到位等。由于教育背景以及教育环境的不同，大部分装修从业人员接受教育的程度与施工质量存在着比较大的差距，这也导致了他们在工程施工过程中可能对同一项工程会有不同的施工想法，从而使最后的施工结果不同。因此，在实际工作中需要一本完整和标准的指导书来规范他们的工作。本书讲解了装饰装修识图与制图，学习这些知识能使从业人员的工作能力与工作效率有所提高。

　　在装饰装修设计制图中，一般以三视图、轴测图、剖面图、大样图等图来表现，它们能比较清晰地反映设计与施工情况。国家制图标准制定后，传统的表现形式逐渐被各个行业认可，并不断创造出新的制图形式，如装配图与透视图。如今装饰装修设计更需要创造具有时代鲜明特色的制图形式，需要有自己的设计体系。

　　本书从实际情况出发，全面讲述装饰装修设计的识图与制图，包括总平面图、平面布置图、地面铺装平面图、顶棚平面图、给水排水图、电气图、热水暖通图、中央空调图、立面图、剖面图、构造节点图、大样图、轴测图等。本书可用于对装修设计师与施工人员进行快速职业技能培训，使他们能快速上手。同时，本书通过简练的语言、直观的图解和典型的装修案例，将装修设计图基本绘制方法和规范传授给读者，对装修设计师快速掌握识图与制图技巧非常有帮助，也是施工技术人员快速提升读图、识图能力的一本行业参考书，同时还能满足一些装修业主对装修施工知识的学习。

　　本书重点总结现代制图特点，结合传统绘图精华，提出当今设计制图的创新方向，在现有制图模式的影响下，指导贯彻新的国家制图标准，培养具备传统文化修养的设计师。

　　全书配套 CAD 图纸、CAD 图库素材与 AutoCAD 教学视频可通过手机扫码至百度网盘下载。

金荣科　闫永祥

2024 年 1 月

目录

第1章　装饰装修设计图基础

识读难度：★☆☆☆☆

核心概念：施工图纸、制图标准

章节导读：装饰装修设计图有自身的特点，识图与制图着实指导着设计师与客户、施工人员的交流。在现有的行业规范体系下，只有开发出更多形式的设计图，并沿用中国传统图学原理，才能将现代图纸变得多样化、立体化、唯美化，提高行业水平，发挥设计的影响力和推动力，促进装饰装修设计行业健康发展。

在开始学习装饰装修识图与制图知识之前，要先了解施工图的发展，把握古代施工图与现代施工图之间的具体联系，扬长避短。对于绘制施工图所需的工具也要熟悉，这样绘制时才能得心应手。

1.1 设计图纸种类

施工图的目的是为了解决施工中的具体问题，需要说明的部位就应该绘制图纸。在室内装饰装修中要表明创意和实施细节，一般需要绘制多种图纸，针对具体设计构造的繁简程度，可能会强化某一种图纸，也可能会简化或省略某一种图纸，但前提是这不影响图纸的完整性。

在初学制图过程中，是否了解相关图纸种类等理论知识就显得至关重要，我们应先对图纸种类做到大体了解，并且在学习过程中也要多加练习，可临摹一些具有代表性的图纸。当然，要准确且熟练地绘制各种图纸，还需要熟悉装饰装修过程中材料的选用和施工构造，这些是制图的根本。

▶ 1.1.1 总平面图

总平面图是表明设计项目总体布置情况的图纸，是在施工现场的地形图上，将已有的、新建的项目等按比例绘制出来的平面图（图 1-1）。

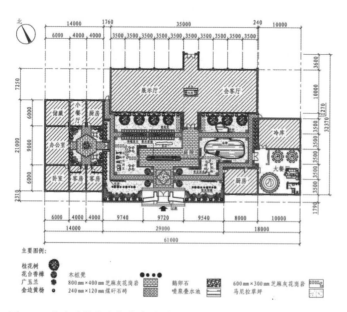

← 总平面图主要表明室内外空间的平面形状、层数，并表明原有室内外空间内部结构之间的相互关系。

图 1-1　住宅建筑室内与庭院总平面图（1 : 500）

总平面图是所有后续图纸的绘制依据，一般要经过全面实地勘测且做详细记录，或向投资方索取原始地形图或建筑总平面图。由于具体施工的性质、规模及所在基地的地形、地貌不同，总平面图所包括的内容有的较为简单，有的则比较复杂，对于复杂的设计项目，还需仔细划分（图1-2）。

→ 景观规划总平面图主要表明景观绿地、设施、地面铺装总体平面形状、位置关系、构造设施布置情况，并表明景观与建筑之间的相互关系。

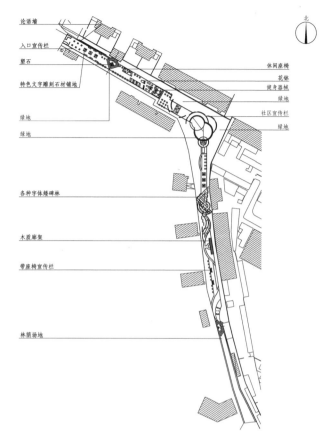

图1-2　景观规划总平面图（1 ： 2000）

▶ 1.1.2　平面图

平面图是建筑物、构筑物等在水平投影上所得到的图形，投影高度一般为普通建筑 ±0.00 m 高度以上、1.5 m 以下，在这个高度对建筑物或构筑物做水平剖切，然后分别向下和向上观看，所得到的图形就是底平面图和顶平面图。在常规设计中，绝大部分设计对象都布置在地面上，因此，也可以称底平面图为平面布置图，称顶平面图为顶棚平面图，其中底平面图的使用率最高，因此，通常所说的平面图普遍也被认为是底平面图（图1-3）。

平面图运用图像、线条、数字、符号和图例等图示语言，来表示设计施工的构造、饰面、施工做法及空间各部位的相互关系。在装修施工图中，平面图主要分为基础平面图、平面布置图、地面铺装图和顶棚平面图。这类图纸往往也会显示出自身的绘制特点，如造型上的复杂性和生动感，以及细部艺术处理的灵活表现等。识读的根本依据仍然是土建工程图纸，尤其是平面图，其外围尺寸关系、外窗位置、阳台、入户大门、室内门扇以及贯穿楼层的烟道、楼梯和电梯等，均需依靠土建工程图纸所给出的具体部位和准确的平面尺寸，用以确定平面布置的设计位置和局部尺寸（图1-4）。

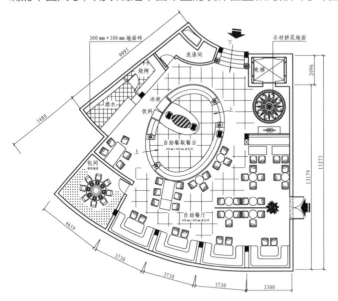

← 平面图中的绘制元素最多，如果要表现复杂的设计思想，应当至少要绘制出主要家具与构造，对于地面材质填充可以采取局部填充，不必对每一处地面都填充。

图1-3 自助餐厅平面图（1：150）

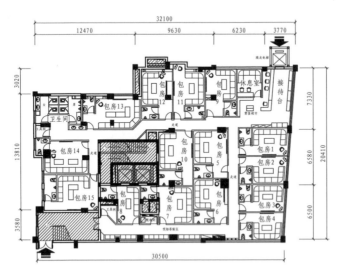

← 对于复杂的室内平面图要抓住设计重点，对无须设计的公共空间、楼梯间、管线井等部位用斜线填充。室内墙体隔断划分要严谨，对每个局部空间的家具都要仔细思考，对于设计分隔的墙体与承重立柱可以全部填充为黑色。

图1-4 KTV平面图（1：300）

1.1.3 给水排水图

给水排水图是装修施工图中的特殊专业制图，主要表现设计空间中的给水排水管布置、管道型号、配套设施布局、安装方法等内容，使整体设计内容更加齐备，保证后期给水排水施工能顺利进行（图 1-5）。

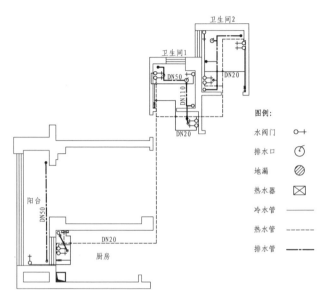

← 在给水排水图中要将墙体、门窗等建筑构造线条统一为细实线，管道、设备用中实线、粗实线绘制，表现出管线的重要性，当管道交错时要用圆圈框住交错点，剪断位于底部的管道。给水排水图不仅要准确精细，还要严格以《建筑给水排水制图标准》GB/T 50106—2010 和《房屋建筑制图统一标准》GB/T 50001—2017 为参考依据来进行绘制。

图 1-5　住宅给水排水平面图（1 ∶ 100）

1.1.4 电气图

电气图是一种特殊的专业技术图，涉及专业、门类很多，被各行各业广泛采用，它既要表现设计构造，又要注重图面美观，还要能让各类读图者看懂。因此，绘制电气图要特别严谨，相对给水排水图而言，需更精细、更全面（图 1-6）。

装修设计施工电气图主要分为强电图和弱电图两大类。一般将交流电或电压较高的直流电称为强电，如 220 V 电压的交流电；弱电一般指直流通信、广播线路上的电，电压通常低于 36 V。这些电气图一般都包括电气平面图、系统图、电路图、设备布置图、综合布线图、图例、设备材料明细表等。

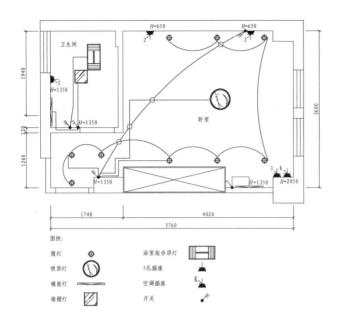

图例：

筒灯　　　⊕　　　　浴室组合顶灯　▤

吸顶灯　　◉　　　　5孔插座　　　　◭

镜前灯　　━━　　　空调插座　　　　K

格栅灯　　▨　　　　开关　　　　　　┰

图 1-6　住宅卧室电路平面图（1：50）

← 电气平面图需要表现各类照明灯具，配电设备（配电箱、开关），电气装置的种类、型号、安装位置和高度等。为了突出电气设备和线路的安装位置、安装方式，电气设备和线路情况一般在简化的电路平面图上绘出。图上的墙体、门窗、楼梯、房间等平面轮廓都用细实线严格按比例绘制，但电气设备如灯具、开关、插座、配电箱和导线并不按比例画出形状和外形尺寸，而是用中粗实线绘制的图形符号来表示。导线和设备的空间位置、垂直距离应按建筑不同标高的楼层地面分别画出，并标注安装高度，可使用文字符号和安装代号等。

▶ 1.1.5　暖通空调图

暖通与空调系统是为了改善现代生产、生活条件而设置的，主要包括采暖、通风、空气调节等内容。我国北方地区冬季温度较低，为了提高室内温度，通常采用室内供暖系统。此外，室内污浊的空气需要直接或经过净化后排出室外，同时向内补充新鲜的空气，更高要求的暖通与空调系统还能调节室内空气的温度、湿度、气流速度等。

除了日常生活中使用的空调、取暖器等单体家用电器，在大型住宅和公共空间设计中需要采用集中暖通、空调和新风系统，这些设备构造的方案实施就需要绘制相应的图纸。虽然暖通、空调和新风系统的工作原理各不相同，但是其设计图纸的绘制方法相似，在绘制中需要根据设计要求分别绘制（图 1-7）。

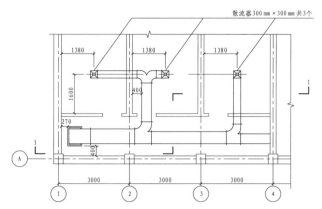

→ 暖通管道平面图需根据设备种类来绘制,对设备的尺寸要熟悉,本书第 8 章会对此进行详细介绍。对于这种图可以参考我们生活中经常去的大型超市卖场与地下车库,这些场所都有这类设备,方便理解。

（a）室内新风管道平面图

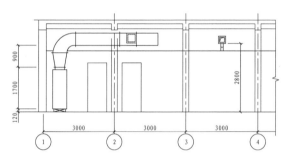

→ 暖通管道剖面图根据上述平面图来绘制,主要表明管道高度,对于工程技术复杂的暖通设计方案才需绘制。

（b）室内新风管道 1-1 剖面图

图 1-7　室内新风管道设计图（1 ：100）

1.1.6　立面图

立面图是指主要设计构造的垂直投影图,一般用于表现建筑物、构筑物的墙面,尤其是具有装饰效果的背景墙、瓷砖铺贴墙、现场制作家具墙体等立面部位,也可以称其为墙面、固定构造体、装饰造型体的正立面投影视图。立面图适用于表现建筑与设计空间中各重要立面的形体构造、相关尺寸、相应位置和基本施工工艺。

立面图要与总平面图、平面布置图相呼应,绘制的视角要与施工后站在该设计对象面前一样,下部轮廓线条为地面,上部轮廓线条为顶面,左右以主要轮廓墙体为界线,在中间绘制所需的设计构造,尺寸标注要严谨,包括细节尺寸和整体尺寸,外加详细的文字说明（图 1-8）。

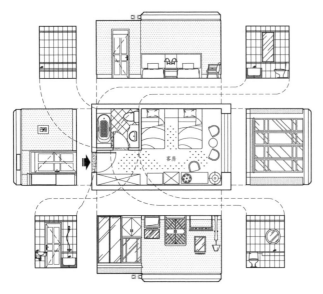

←立面图由平面图延伸而来，将平面图中各个面竖立延伸后就可以得到相对应的立面图。

图1-8 平面图与立面图的对应关系（1：100）

在一套设计图纸中，立面图的数量可能会比较多，这就要在平面图中标明方位或绘制标识符号，以便与立面图相呼应，方便查找。为了加强平面图与立面图之间的关系，整体建筑物、构筑物的立面表现一般以方位名称标注图名，如正立面图、东立面图等。如果涉及复杂结构，则可以采用剖面图来表示。而表示室内立面在平面图上的位置时，应在平面图上用内视符号注明视点位置、方向及立面编号。

符号中的圆圈应用细实线绘制，根据图面比例，圆圈直径可选择8～12 mm，立面编号宜用拉丁字母或阿拉伯数字（图1-9）。

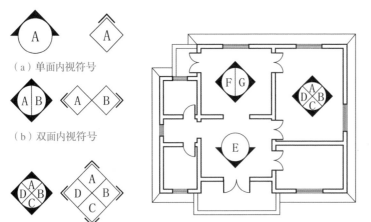

（a）单面内视符号

（b）双面内视符号

（c）四面内视符号

（d）内视符号应用

←左侧两种内饰符号均可使用，注意一套图纸中内饰符号应当统一，符号中可选用字母或数字，但是在逻辑上要统一，不能随意混淆。

图1-9 平面图上内视符号应用示例

立面图画好后要反复核对，避免遗漏关键的设计造型或重点部位表达含糊。绘制立面图所用的线型与平面图基本相同，只是周边形体轮廓使用中粗实线，地面线使用粗实线，对于大多数构造不是特别复杂的设计对象，也可以统一绘制为粗实线。在复杂设计项目中，立面图可能还涉及原有的装饰构造，如果不准备改变或拆除，这部分可以不用绘制，空白或填充阴影斜线表示即可（图 1-10、图 1-11）。

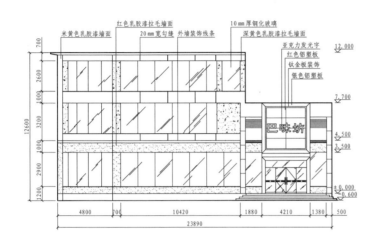

← 建筑外墙装修正立面图主要表明装饰构造的形体结构与材料配置，应尽量标注详细的尺寸。

图 1-10 建筑外墙装修正立面图（1 ：200）

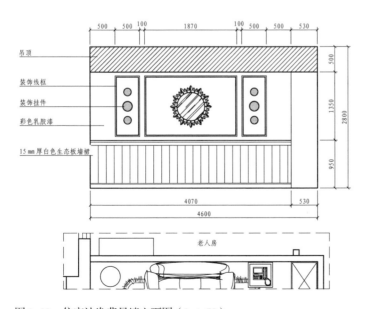

← 立面图与平面图对应，识读更直观。

← 绘制对应的立面图可以将平面图的局部截取出来，放置在立面图下方并与立面图对齐。

图 1-11 住宅沙发背景墙立面图（1 ：50）

▶ 1.1.7 构造详图

在装修施工图中，各类平面图和立面图的比例一般较小，导致很多设计造型、创意细节、材料选用等信息无法表现或表现得不清晰，无法满足设计、施工的需求。因此需要放大比例绘制出更加细致的图纸，一般采用1∶20、1∶10，甚至1∶5、1∶2的比例绘制。

构造详图一般包括剖面图、节点图和大样图，绘制时选用的图线应与平面图、立面图一致，只是地面界线与主要剖切轮廓线一般采用粗实线（图1-12、图1-13）。

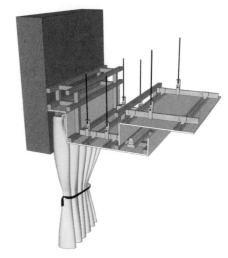

↑ 复杂的节点构造详图在正式绘图之前可以采用三维软件制作基本模型，然后根据三维空间逻辑来绘制构造详图。

图1-12　吊顶节点构造三维详图

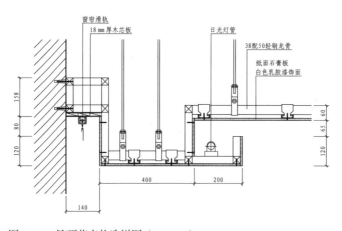

← 构造详图主要表明材料装配的局部形态，仔细标注文字与尺寸。要求图纸具备表现全面的空间设计能力，能使观者通过图对材料与构造有深刻了解。

图1-13　吊顶节点构造详图（1∶10）

▶ 1.1.8　轴测图

　　常规平面图、立面图一般都是在二维空间内完成的，因此其绘制方法简单，绘制速度快，我们掌握起来并不难，但是其在装修施工设计中适用范围较窄，非专业人员和初学者不容易看懂，且设计项目的投资方更需要阅读直观的设计图纸。权衡多方的使用要求后，确定此时可采用轴测图。轴测图是一种单面投影图，它在一个投影面上能同时反映出物体 3 个坐标面的形状，且它接近于人们的视觉习惯，表现效果形象、逼真并富有立体感。

　　在设计制图中,常将轴测图作为辅助图样来说明设计对象的结构、安装和使用等情况。在设计过程中，轴测图还能帮助设计者充分构思、想象物体的形状、以弥补常规投影图的不足（图 1-14 ）。

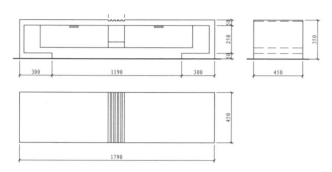

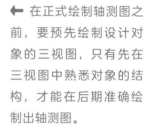

◀ 在正式绘制轴测图之前，要预先绘制设计对象的三视图，只有先在三视图中熟悉对象的结构，才能在后期准确绘制出轴测图。

（a）电视柜三视图（1∶20）

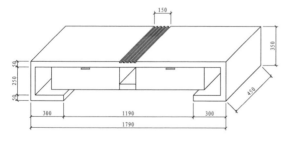

◀ 正面斜轴测图绘制最简单，以正立面图为依据，先向后部延伸出空间感，再绘制侧立面纵深线条即可，这是最简单、最直观、最实用的轴测图。

（b）电视柜正面斜轴测图（1∶20）

图 1-14　电视柜正面斜轴测图

1.2　制图与工艺规范

　　目前，我国正在使用的制图标准很多，如《房屋建筑制图统一标准》GB/T 50001—2017、《总图制图标准》GB/T 50103—2010、《建筑制图标准》GB/T 50104—2010，这 3 项标准为室内外设计识图与制图常用标准。它们的内容基本相同，但是也有很多细节存在矛盾。我们在日常学习、工作中一般以《房屋建筑制图统一标准》GB/T 50001 2017 为基本标准，认真分析所绘图纸的特点，在国家标准没有制定的方面进行灵活、合理的自由发挥。制图学的进步就在于将图形不断精确化，线型不断丰富化，标准不断规范化。为了方便学习和工作，应该将国家标准时常带在身边，遇到不解或遗忘时可以随时查阅，保证制图的规范和正确。

☑ 识图与制图补充要点——施工图概念与应用 ✎

　　设计人员按照国家的建筑方针政策、设计标准，结合有关资料以及项目委托人提出的具体要求，在经过批准的初步设计的基础上，运用制图学原理，采用国家统一规定的符号、线型、数字、文字来表示拟建建筑物或构筑物以及设备各部分之间的空间关系及其实际形状尺寸的图样，并用于拟建项目的施工建造和编制预算的一整套图纸，叫作"施工图"。通常施工图的份数较多，所以必须复制。一般工程上用的图纸为蓝色，故又把施工图称作"蓝图"。

　　用于装饰装修施工的蓝图称作"装修施工图"。装修施工图与建筑施工图是不能分开的，除局部需要另绘制外，通常都是在施工图的基础上加以标注或说明。施工图不仅是建筑单位或业主委托施工单位进行施工的依据，同时，也是工程造价师（员）计算工程数量、编制工程预算、核算工程造价、衡量工程投资效益的依据。

第 2 章　AutoCAD 制图基础

识读难度： ★ ★ ☆ ☆ ☆

核心概念： 操作界面、基本操作、基本设置

章节导读： 本章主要介绍 AutoCAD 绘图的操作界面基础知识，并详细介绍了图形的系统参数，以帮助读者能够熟练掌握 AutoCAD 的基本操作。本章重点内容在于讲述掌握各类工具与图标的功能、特征，明确这些工具之间的逻辑关系。

AutoCAD 是装饰装修识图与制图的必备软件，能快速绘制图纸，并对图纸进行完善修改。AutoCAD 界面较复杂，可以经过简化后进入快速绘图模式，需要读者跟随本章内容同步操作。

2.1　AutoCAD 软件介绍

在当今的计算机工程制图领域，AutoCAD 具有较高的知名度和较广的使用范围。AutoCAD 是集二维绘图、三维设计、参数化设计、协同设计、通用数据库管理和互联网通信功能于一体的计算机辅助设计软件。

AutoCAD 自从 1982 年推出以来，从最初期的 1.0 版本到如今的 AutoCAD 2024 版本，其不仅在机械、电子、建筑、室内装潢、家具、园林和市政工程等领域有广泛的应用，还用于地理、气象、航海等特殊图形的绘制，甚至在乐谱、灯光、幻灯和广告等领域也有广泛的应用，目前 AutoCAD 已经成为 CAD 系统中应用最为广泛的绘图软件之一。同时，AutoCAD 也是一个最具有开放性的工程设计开发平台，AutoCAD 开放性的源代码可以让各个行业进行广泛的二次开发。

2.2　制图工具介绍

AutoCAD 制图工具是图纸绘制的核心工具，其使用频率高，操作相对简单。

▶ 2.2.1　绘图工具

1. 直线

创建直线，使用"line"命令，可以创建一系列的直线，每条线都是可以单独进行编辑的（图 2-1）。

2. 构造线

创建无限长的线，可以使用无限延长的线（例如构造线）来创建构造和参考线，并且其可用于修剪边界（图 2-2）。

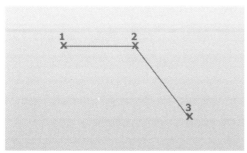

⬆ 绘制直线可直接在绘图区点击鼠标并变换位置，两点之间即可形成线段。

图 2-1　直线

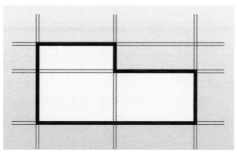

⬆ 构造线的画法与之相同，只是两端可无限延伸，主要作为参考线使用。

图 2-2　构造线

3. 多段线

创建二维多段线，二维多段线是作为单个平面对象创建的相互连接的线段序列。可以创建直线段、圆弧线段或两者的组合线段（图 2-3）。

4. 多边形

创建等边闭合多边形，可以指定多边形的各种参数，包含边数。也可以显示内切和外接选项间的差别（图 2-4）。

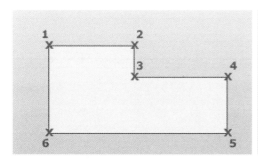

⬆ 多段线的画法与线段相同，只是在收尾处连接成一个整体，适合绘制封闭的图形。

图 2-3　多段线

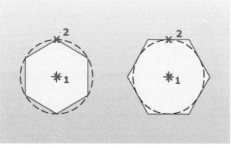

⬆ 多边形的边数可根据需要设定，多边形大小需要输入半径来设定。

图 2-4　多边形

5. 矩形

创建矩形多段线，按指定的矩形参数创建矩形多段线（长度、宽度、旋转角度）和角点类型（圆角、倒角或直角）（图2-5）。

6. 修订云线

通过绘制自由形状的多段线创建修订云线，可以通过拖动光标创建新的修订云线，也可以将闭合对象转换为修订云线。使用修订云线亮显要查看的图形部分（图2-6）。

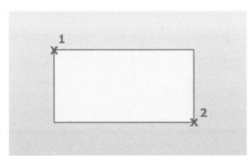

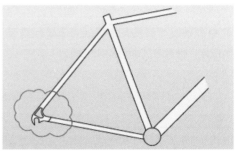

⬆ 矩形绘制简单，只要输入边长尺寸数据就能获得设计需要的图形。

⬆ 修订云线适用于需要标记修改的部位，用于指出图纸中有待商榷的细节。

图2-5　矩形

图2-6　修订云线

7. 样条曲线

创建通过或接近指定点的平滑曲线，样条曲线使用拟合点或控制点进行定义，拟合点与样条曲线重合，而控制点定义控制框。控制框可提供用来设置样条曲线形状的便捷方法（图2-7）。

8. 椭圆

创建椭圆或椭圆弧，椭圆上的前两个点确定第一条轴的位置和长度，第三个点确定椭圆的圆心与第二条轴的端点之间的距离（图2-8）。

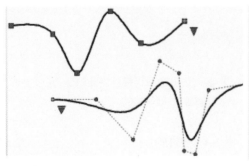

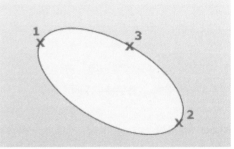

⬆ 通过绘制各种形态的曲线，绘制后还能变换拟合点或控制点来改变曲线的造型。

⬆ 绘制椭圆通常需要预先设定3个点的位置，绘制时依次点击3个点即可。

图2-7　样条曲线

图2-8　椭圆

9. 椭圆弧

创建椭圆弧，椭圆弧上的前两个点确定第一条轴的位置和长度，第三个点确定椭圆弧的圆心与第二条轴的端点之间的距离，第四个点和第五个点确定起点和终点（图2-9）。

10. 插入块

向当前图形插入块或图形，块可以是存储相关块定义的图形文件，也可以是包含相关图形文件的文件夹。无论使用何种方式，块均可标准化并供多个用户访问。

11. 点

创建多个点，可以沿对象创建点，也可以轻松指定点大小和样式（图2-10）。

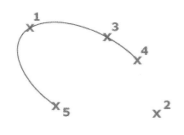

↑ 椭圆弧的画法与椭圆一致，只是在结束椭圆绘制后截取其中的一段弧。

图 2-9　椭圆弧

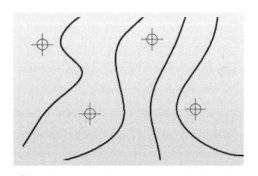

↑ 直接在绘图区点击鼠标即可创建点，多用于标记位置。

图 2-10　点

12. 图案填充

使用填充图案对封闭区域或选定对象进行填充，从多个方法中选择如何确定以指定图案填充区域的边界(图2-11)。可以通过指定对象封闭区域中的点来确定，也可以通过选择封闭区域的对象来确定，还可以通过将填充图案从工具选项板或设计中心拖动到封闭区域来确定。

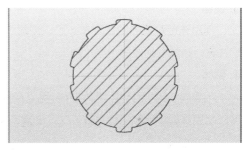

↑ 在封闭的图形中可以快速填充图案，图案样式比较丰富，适用于填充截断面或特殊材质构造的图形。

图 2-11　图案填充

13. 多行文字

创建多行文字对象,可以将若干文字段落创建为单个多行文字对象。使用内置编辑器,可以格式化文字外观、列和边界。

2.2.2 修改工具

1. 删除

从图形删除对象,例如,输入"L"删除绘制的上一个对象,输入"P"删除前一个选择集,或输入"ALL"删除所有对象,还可以输入"？"获得所有选项的列表（图2-12）。

2. 复制

将对象复制到指定方向上的指定距离处,可以控制是否自动创建多个副本(图2-13)。

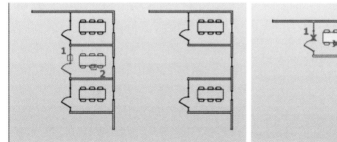
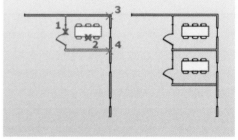

↑选择需要删除的线条或图形,点击"删除"工具按钮即可删除。

图 2-12　删除

↑选择需要复制的线条或图形,点击"复制"工具按钮即可移动复制。

图 2-13　复制

3. 镜像

创建选定对象的镜像副本。可以创建表示半个圈形的对象,选择这些对象并沿指定的线进行镜像以创建另一半（图2-14）。

4. 偏移

创建同心圆、平行线、等距曲线,可以在指定距离或通过一个点偏移对象。偏移对象后,可以使用修剪和延伸这种有效方式来创建多条平行线和曲线（图2-15）。

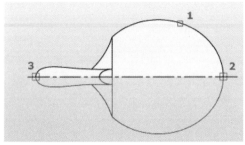
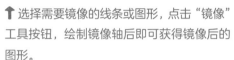

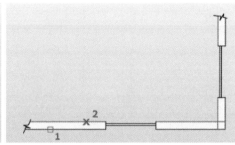

⬆ 选择需要镜像的线条或图形，点击"镜像"工具按钮，绘制镜像轴后即可获得镜像后的图形。

⬆ 选择需要偏移的线条，点击"偏移"工具按钮，在原线条一侧点击即可偏移生成新的图形。

图 2-14　镜像

图 2-15　偏移

5. 矩形阵列

按任意行、列和层级组合分布对象副本，创建选定对象的副本的行和列的矩形阵列（图 2-16）。

6. 移动

将对象在指定方向上移动指定距离，使用坐标、栅格捕捉、对象捕捉和其他工具可以精确移动对象（图 2-17）。

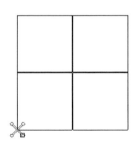

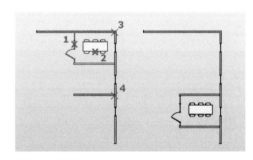

图 2-17　移动

⬆ 选择需要阵列的线条或图形，点击"矩形阵列"工具按钮，即可获得阵列后的图形。

图 2-16　矩形阵列

7. 旋转

绕基点旋转对象，可以围绕基点将选定的对象旋转到输入的角度（图 2-18）。

8. 缩放

放大或缩小选定对象，缩放后保持对象的比例不变。要缩放对象，需要指定基点和比例因子。基点将作为缩放操作的中心，并保持静止。比例因子大于 1 时将放大对象，比例因子介于 0 和 1 之间时将缩小对象（图 2-19）。

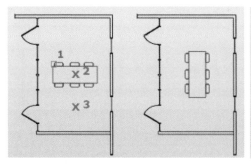

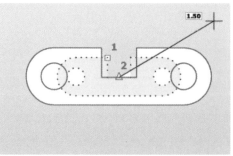

↑ 选择需要旋转的线条或图形，点击"旋转"工具按钮，移动鼠标即可获得旋转后的图形。

图 2-18　旋转

↑ 选择需要缩放的线条或图形，点击"缩放"工具按钮，移动并点击鼠标即可缩放线条或图形。

图 2-19　缩放

9. 拉伸

通过窗选或多边形框选的方式拉伸对象，将拉伸窗交窗口部分包围的对象。将移动完全包含在窗交窗口中的对象或单独选定的对象中。但是，某些对象类型无法拉伸，如圆、椭圆和块（图 2-20）。

10. 修剪

修剪对象以适合其他对象的边。要修剪对象，就要先选择边界，再按"Enter"键并选择要修剪的对象。要将所有对象用作边界，首次出现"选择对象"提示时按"Enter"健（图 2-21）。

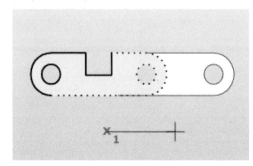

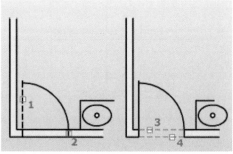

↑ 选择需要拉伸的线条或图形，点击"拉伸"工具按钮，移动鼠标即可获得拉伸后的图形。

图 2-20　拉伸

↑ 点击"修剪"工具按钮，直接点击位于两条线段之间的交叉线段即可修剪其线条。

图 2-21　修剪

11. 延伸

延伸对象以适合其他对象的边，要延伸对象，就要先选择边界，按"Enter"键并选择要延伸的对象。要将所有对象用作边界，在首次出现"选择对象"提示时按"Enter"键（图 2-22）。

12. 打断于点

在一点打断选定的对象，有效对象包括直线、开放的多段线和圆弧，不能在一点打断闭合对象（例如圆）（图 2-23）。

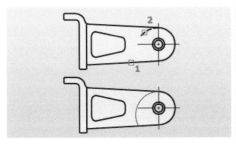

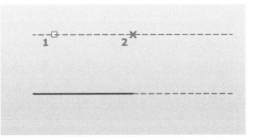

↑ 点击"延伸"工具按钮，直接点击需要延伸的线段即可将其延伸，但是要有目标终止线来终止延伸。

图 2-22　延伸

↑ 点击"打断于点"工具按钮，在线条中点击，即可在此处对线条打断。

图 2-23　打断于点

13. 打断

在两点之间打断选定的对象，可以在对象上的两个指定点之间创建间隔，从而将对象打断为两个对象。如果这些点不在对象上，则会自动投影到该对象上（图 2-24）。

14. 合并

合并相似对象以形成一个完整的对象，在公共端点处合并一系列有限的线型和开放的弯曲对象，以创建单个二维或三维对象。产生的对象类型取决于选定的对象类型、首先选定的对象类型以及对象是否共面（图 2-25）。

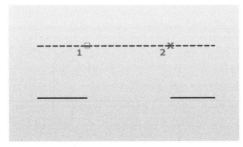

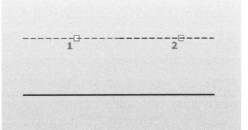

↑ 点击"打断"工具按钮，在线条中点击两点，即可在这两点之间断开。

图 2-24　打断

↑ 点击"合并"工具按钮，分别选择两条线段，即可将两条线段合并为一条线段。

图 2-25　合并

15. 倒角

给对象加倒角，将按选择对象的次序应用指定的距离和角度（图2-26）。

16. 圆角

给对象加圆角。例如，创建的圆弧与选定的两条线段均相切，线段被修剪到圆弧的两端。若要创建一个尖转角，则输入零作为半径（图2-27）。

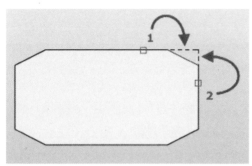

↑ 点击"倒角"工具按钮，输入倒角尺寸后，分别点击需要倒角的边，即可获得倒角图形。

图2-26　倒角

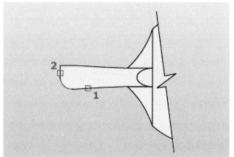

↑ 点击"圆角"工具按钮，输入圆角半径尺寸后，分别点击需要圆角的边，即可获得圆角图形。

图2-27　圆角

17. 光顺曲线

在两条开放曲线的端点之间创建平滑的样条曲线。选择端点附近的每个对象，生成的样条曲线的形状取决于指定的连续性，选定对象的长度保持不变（图2-28）。

18. 分解

将复合对象分解为其部件对象，在希望单独修改复合对象的部件时，可分解复合对象，可以分解的对象包括块、多段线及面域等（图2-29）。

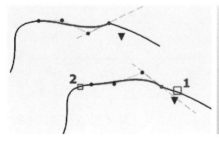

↑ 点击"光顺曲线"工具按钮，分别点击两段曲线，即可获光顺的衔接图形。

图2-28　光顺曲线

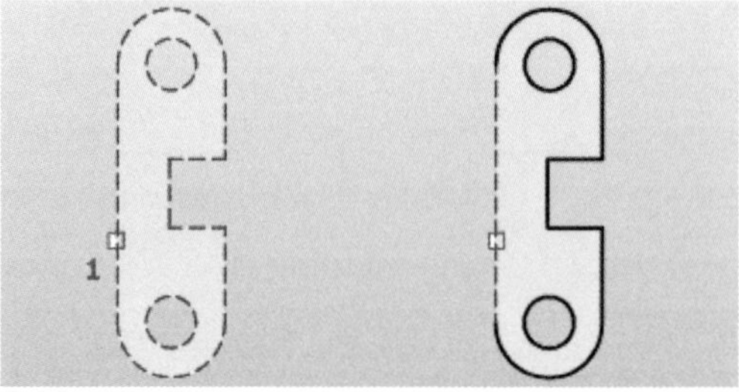

↑ 点击"分解"工具按钮，再点击完整的图形，即可获得分解后的图形，每条线段均可以独立编辑。

图2-29　分解

▶ 2.2.3 标注工具

1. 线性

创建线性标注，使用水平、竖直或旋转的尺寸线创建线性标注（图 2-30）。

2. 对齐

创建对齐线性标注，创建与尺寸界线的原点对齐的线性标注（图 2-31）。

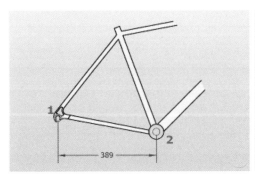

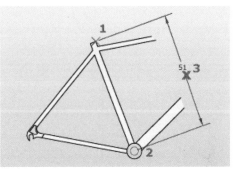

↑ 线性标注主要标注水平或垂直距离。点击"线性标注"按钮，再分别点击需要标注的两个端点即可生成标注数据。

↑ 对齐标注主要标注任意角度两点间距离。点击"对齐标注"按钮，再分别点击需要标注的两个端点即可生成标注数据。

图 2-30　线性

图 2-31　对齐

3. 坐标

创建坐标标注，坐标标注用于测量从原点到要素的水平或垂直距离。这些标注通过保持特征与基准点之间的精确偏移量来避免误差增大（图 2-32）。

4. 半径

创建圆或圆弧的半径标注，测量选定圆或圆弧的半径，并显示前面带有半径符号的标注文字，可以使用夹点重新定位生成的半径标注（图 2-33）。

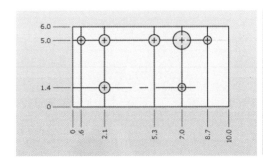

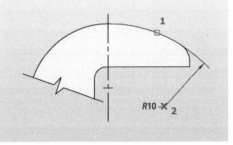

↑ 点击"坐标标注"按钮，再点击需要标注的端点即可生成标注数据。

↑ 点击"半径标注"按钮，再点击需要标注的圆弧即可生成标注数据。

图 2-32　坐标

图 2-33　半径

5. 弧长

创建弧长标注，弧长标注用于测量圆弧或多段线圆弧的长，弧长标注的尺寸界线可以正交或径向，在标注文字的上方或前面将显示圆弧符号（图2-34）。

6. 折弯

创建圆和圆弧的折弯标注，当圆弧或圆的中心位于布局之外并且无法在其实际位置显示时，将创建折弯半径标注，可以在更方便的位置指定标注的原点（图2-35）。

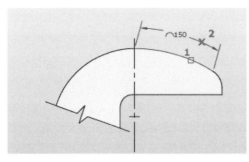

⬆ 点击"弧长标注"按钮，再点击需要标注的圆弧即可生成标注数据。

图2-34 弧长

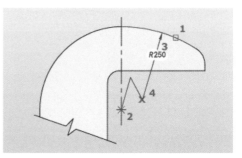

⬆ 点击"折弯标注"按钮，再点击需要标注的圆弧与确定的圆心端点，即可生成标注图形与数据。

图2-35 折弯

7. 直径

创建圆或圆弧的直径标注，测量选定圆或圆弧的直径，并显示前面带有直径符号的标注文字，可以使用夹点重新定位生成的直径标注（图2-36）。

8. 角度

创建角度标注，测量选定的对象或3个点之间的角度，可以选择的对象包括圆弧、圆和直线等（图2-37）。

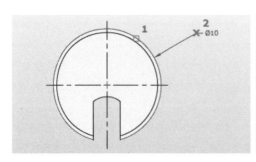

⬆ 点击"直径标注"按钮，再点击需要标注的圆弧即可生成标注数据。

图2-36 直径

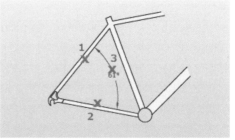

⬆ 点击"角度标注"按钮，再点击需要标注的夹角线条，即可生成标注图形与数据。

图2-37 角度

9. 快速标注

从选定对象中快速创建一组标注，创建系列基线或连续标注，或为一系列圆或圆弧创建标注。

10. 基线

从上一个或选定标注的基线作连续的线性、角度或坐标标注。可以通过标注样式管理器、"直线"选项卡和"基线间距"设定基线标注之间的默认间距（图 2-38）。

11. 连续

创建从上一次所创建标注的延伸线处开始的标注。自动从创建的上一个线性约束、角度约束或坐标标注继续创建其他标注，或从选定的尺寸界线继续创建其他标注，将自动排列尺寸线（图 2-39）。

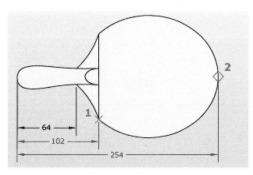

⬆ 点击"线性标注"按钮，点击需要标注的端点，再点击"基线标注"按钮，即可在图形中点击新端点，获得多项首端对齐的标注数据。

图 2-38　基线

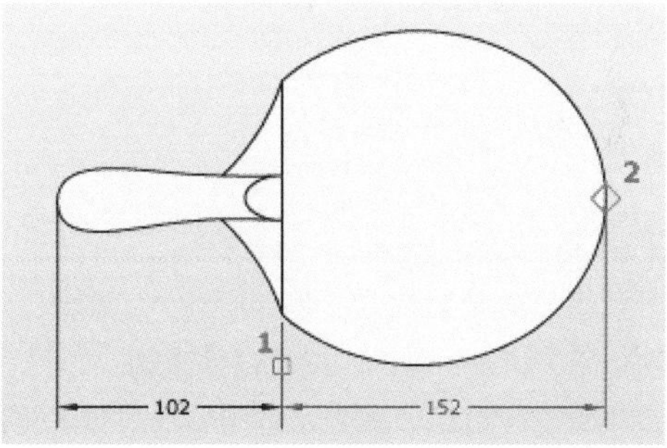

⬆ 在完成线性标注后，点击"连续标注"按钮，可接续前一段标注的末端继续标注，可生成首尾相接的标注数据。

图 2-39　连续

12. 等距标注

调整线性标注或角度标注之间的间距，平行尺寸线之间的间距将设为相等，也可以通过使用间距值"0"使一系列线性标注或角度标注的尺寸线齐平（图 2-40）。

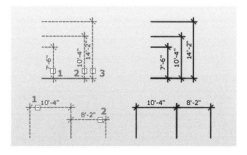

⬆ 在标注后，点击"等距标注"按钮，分别点击已标注的图形，可获得等距分布，或对齐一致。

图 2-40　等距标注

13. 折断标注

在标注或延伸线与其他对象交叉处折断或恢复标注和延伸线，可以将折断标注添加到线性标注、角度标注和坐标标注等。

14. 公差

创建包含在特征控制框中的形位公差，形位公差表示形状、轮廓、方向、位置和跳动的允许偏差（图2-41）。

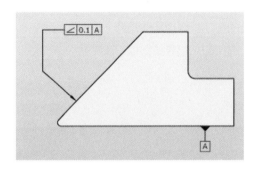

↑点击"公差"按钮，点击需要标注的部位，
可获得公差表格数据，数据可输入或修改。
主要用于材料、配件的尺寸特性说明。

图2-41 公差

第 3 章　国标图纸识读

识读难度：★ ☆ ☆ ☆ ☆

核心概念：国家标准、制图标准、识读要点

章节导读：装饰装修识图与制图，应以国家标准为依据，以保证图纸与基础建筑制图相衔接，便于识读、审核和管理。由于装饰装修工程涉及专业范围较广，所以在设计图中常出现建筑制图、家具制图、机械制图和装饰性图案等多种画法并存的现象。设计师不仅要具备良好的绘图功底，更要能很精准地识别这些图，以达到确切地将设计思想、设计理念完美地融合到设计图纸中，与实际操作完美契合。

我们要了解有哪些关于制图的国家标准，这些标准的用途都是不一样的，它们彼此之间相互依托、相互补充，针对不同图纸的专业门类来表述制图标准。虽然标准很严格，但是目的却很明确，就是要让更多的设计师、施工员能通过图纸所表达的设计信息来达成工作的一致性。

3.1 图纸幅面

装修施工图纸所传达的信息应该被绘图者和识图者接受，保证信息传达无误。这样就需要统一的规范。构成图纸的基本要素，主要有图纸幅面规格、图线、字体、比例、符号、定位轴线、尺寸标注和图例等，应符合《房屋建筑制图统一标准》GB/T 50001—2017 的有关规定。该标准适用于三大类工程制图：新建、改建、扩建工程的各阶段设计图及竣工图；原有建筑物、构筑物和总平面的实测图；通用设计图和标准设计图。

一般选用图纸的原则是保证设计创意能被清晰地表达，此外，还要考虑全部图纸的内容，注重绘图成本。图纸的幅面规格应符合表 3-1 的规定，表中 B 与 L 分别代表图纸幅面的短边和长边的尺寸，在识读与制图中需特别注意。

表 3-1　幅面及图框尺寸（单位：mm）

尺寸代号	幅面代号				
	A0	A1	A2	A3	A4
$B \times L$	841×1189	594×841	420×594	297×420	210×297
C	10			5	
A	25				

需要微缩复制的图纸，其一个边上应附有一段准确米制尺度，4 个边上均应附有对中标志，米制尺度的总长应为 100 mm，分格应为 10 mm。对中标志应画在图纸各边长的中点处，线宽应为 0.35 mm，伸入框内应为 5 mm。图纸的短边一般不应加长，长边可以加长，但应符合表 3-2 的规定。

表 3-2　图纸长边加长尺寸（单位：mm）

幅面尺寸	长边尺寸	长边加长后尺寸									
A0	1189			1486	1783	2080	2378				
A1	841		1051	1261	1471	1682	1892	2102			
A2	594	743	891	1041	1189	1338	1486	1635	1783	1932	2080
A3	420		630	841	1051	1261	1471	1682	1892		

有特殊需要的图纸，可采用 $B×L$ 为 841 mm × 891 mm 与 1189 mm × 1261 mm 的幅面。

图纸以短边作为垂直边称为横式，以短边作为水平边称为立式，一般 A0 ~ A3 图纸宜横式使用（图 3-1、图 3-2），必要时可立式使用，A4 幅面也可用立式图框（图 3-3、图 3-4）。在同一项设计中，每个专业所使用的图纸，一般不宜多于两种幅面。

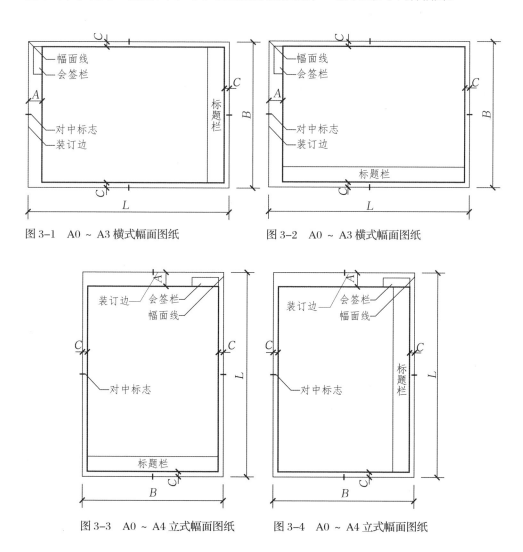

图 3-1　A0 ~ A3 横式幅面图纸　　　　　　图 3-2　A0 ~ A3 横式幅面图纸

图 3-3　A0 ~ A4 立式幅面图纸　　　　　　图 3-4　A0 ~ A4 立式幅面图纸

图纸标题栏与会签栏是图纸的重要信息传达部位。标题栏通常被简称为"图标"，它与会签栏及装订边的位置一般要符合横式图纸与立式图纸两种使用需求。标题栏应根据工程需要选择，常用的两种标题栏尺寸，分别是长 200 mm、宽 30 ~ 50 mm 和长 240 mm、宽 30 ~ 40 mm。涉外工程的标题栏内，各项主要内容的中文下方应附有译文，设计单位的上方或左方应加"中华人民共和国"字样。

会签栏的尺寸应为 100 mm×20 mm，栏内应填写会签人员的专业、姓名，以及日期（年、月、日）。一个会签栏不够，可以另加，两个会签栏应并列，不需会签栏的图纸可不设会签栏（图 3-5、图 3-6）。

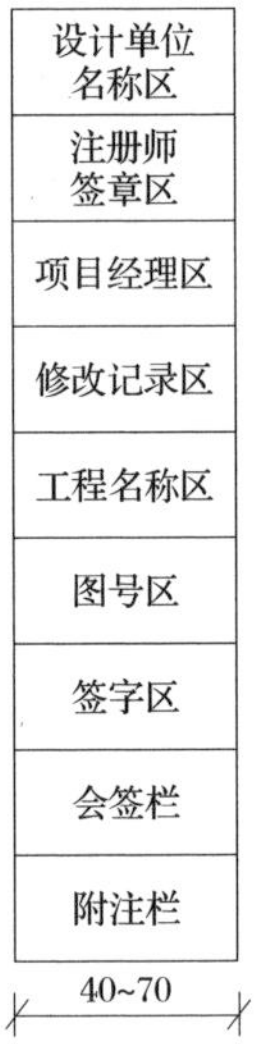

← 图纸标题栏的布局和形式没有强制规定该怎样设计，这里列出竖向标题栏仅供参考，每家设计企业都有自己独特的图纸标题栏设计。这不仅是图纸的主要说明部分，还是设计企业对外宣传的重要媒介。

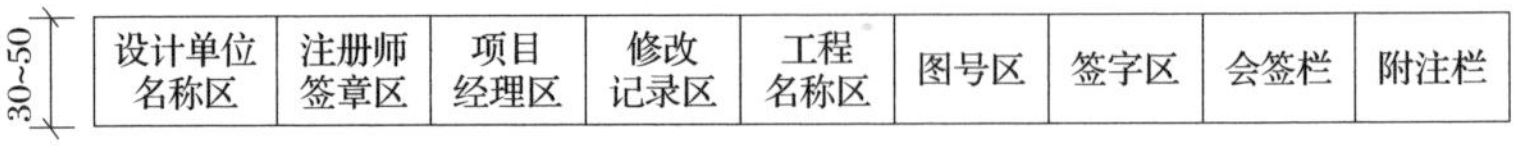

图 3-6　横式标题栏（单位：mm）

↑ 大多数图纸的横向标题栏与图纸底部宽度相当，很多设计企业在图纸标题栏上精心设计，加入特有的个体信息，如联系方式、公众微信号、二维码、设计施工资质等级编号、广告宣传语等。

图 3-5　立式标题栏（单位：mm）

3.2　图线

图线是一种连接几何图形的方式。设计图即通过形式和宽度不同的图线，让使用者能够更加清晰、直观地感受设计师的设计意图。所有线型的图线，其宽度（称为线宽）应按图样的类型和尺寸大小形成一定的比例。一幅图纸中宽度最大的线（粗线）代号为 b，其取值范围要根据图形的复杂程度及比例大小而酌情确定。

定了线宽系列中的粗线为 b，中线为 0.5b、细线为 0.25b。图线宜从 0.5 mm、0.7 mm、1.0 mm、1.4 mm 的线宽系列中选取。对于每个图样，应根据其复杂程度、比例大小和图纸幅面来确定，先选定基本线宽 b，再选用表 3-3 中相应的线宽组。

表 3-3　图线的线宽组（单位：mm）

线宽	线宽组			
b	1.4	1.0	0.7	0.5
0.7b	1.0	0.7	0.5	0.35
0.5b	0.7	0.5	0.35	0.25
0.25b	0.35	0.25	0.18	0.13

注：1. 需要微缩的图纸，不宜采用 0.18 mm 及更细的线宽。

　　2. 同一张图纸内，相同比例的各图样，应选用相同的线宽组。

　　3. 同一张图纸内，各不同线宽中的细线，可统一采用较细的线宽组的细线。

　一般制图应选用表 3-4 所示的图线。图纸的图框、标题栏和会签栏，可采用表 3-5 的线宽。相互平行的图线，其间隙不宜小于其中的粗线宽度，且不宜小于 0.7 mm。

表 3-4　图线

名称		图例	线宽	用途
实线	粗		b	主要可见轮廓线
	中粗		0.7b	可见轮廓线、变更云线
	中		0.5b	可见轮廓线、尺寸线
	细		0.25b	图例填充线、家具线
虚线	粗		b	见各有关专业制图标准
	中粗		0.7b	不可见轮廓线
	中		0.5b	不可见轮廓线、图例线
	细		0.25b	图例填充线、家具线
单点长画线	粗		b	见各有关专业制图标准
	中		0.5b	见各有关专业制图标准
	细		0.25b	中心线、对称线、轴线等
双点长画线	粗		b	见各有关专业制图标准
	中		0.5b	见各有关专业制图标准
	细		0.25b	假想轮廓线、成型前原始轮廓线
折断线	细		0.25b	断开界线
波浪线	细		0.25b	断开界线

表 3-5　图框线、标题栏和会签栏线的宽度（单位：mm）

幅面代号	图框线	标题栏外框线对中标志	标题栏分格线幅面线
A0、A1	b	0.5b	0.25b
A2、A3、A4	b	0.7b	0.35b

　虚线与虚线相交、虚线与单点长画线相交时应以线段相交；虚线与粗实线相交时，不留空隙。虚线、单点长画线如果是粗实线的延长线，则两线相交时应留有空隙（表3-6）。同一图样中同类图线的宽度应基本一致，虚线、单点长画线及双点长画线的线段长度和

间距应各自大致相等。在较小图形上绘制单点长画线、双点长画线有困难时，可以用细实线代替。此外，图线颜色的深浅程度要一致。图线不得与文字、数字或符号重叠、混淆，不可避免时，应首先保证文字等的清晰。

表 3-6　图线相交的画法

序号	图线相交情况	正确	不正确
1	两粗实线或两虚线相交		
2	虚线与虚线或其他图线相交		
3	虚线是实线的延长线	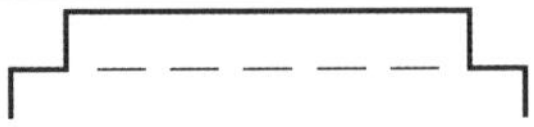	
4	两单点长画线相交		

线的首末两端应是线段，而不是短画，此外单点长画线、双点长画线的点不是点，而是一个约 1 mm 的短画。

3.3　字体

图纸上所需书写的文字、数字或符号等，均应笔画清晰、字体端正、排列整齐。字宽为字高的 2/3，标点符号应清楚正确。图纸上书写的文字的字高，应从 3.5 mm、5 mm、7 mm、10 mm、14 mm、20 mm 的六级中选用。若需书写更大的字，其高度应按 $\sqrt{2}$ 的倍数递增（表 3-7）。

表 3-7　长仿宋体字的高宽关系（单位：mm）

项目	尺寸					
字高	20	14	10	7	5	3.5
字宽	14	10	7	5	3.5	2.5

▶ 3.3.1　汉字

图样及说明中的汉字，宜采用长仿宋体。大标题、图册封面、地形图等所用汉字，可书写成其他字体，但应易于辨认。汉字的简化字书写，必须符合中华人民共和国国务院公布的《汉字简化方案》和《技术制图　字体》GB/T 14691—1993 的有关规定（图 3-7）。

↑ 长仿宋体的字体基础为仿宋 GB-2312，宽高比例为 2 ：3。

图 3-7　长仿宋体字

3.3.2 字母和数字

拉丁字母、阿拉伯数字与罗马数字的书写与排列，应符合表 3-8 的规定。拉丁字母、阿拉伯数字与罗马数字如果需要写成斜体字，其斜度应是从字的底线逆时针向上倾斜 75°。斜体字的高度和宽度应与相应的直体字相等。拉丁字母、阿拉伯数字与罗马数字的字高，不应小于 2.5 mm。

表 3-8　字母及数字的书写规则

书写格式	一般字体	窄字体
大写字母高度	H	H
小写字母高度（上下均无延伸）	$7/10H$	$10/14H$
小写字母伸出的头部或尾部	$3/10H$	$4/14H$
笔画宽度	$1/10H$	$1/14H$
字母间距	$2/10H$	$2/14H$
上下行基准线最小间距	$15/10H$	$21/14H$
词间距	$6/10H$	$6/14H$

数量的数值注写，应采用正体阿拉伯数字。各种计量单位凡前面有量值的，均应采用国家颁布的单位符号注写。单位符号应采用正体字母。分数、百分数和比例数的注写，应采用阿拉伯数字和数符号，例如，四分之三、百分之二十五和一比二十应分别写成 3/4、25%、1∶20。当注写的数字小于 1 时，必须写出个位的"0"，小数点应采用圆点，齐基准线书写。

3.4　比例

图纸的比例，应为图形与实物相对应的线性尺寸之比。比例的大小是指其比值的大小，如 1∶50、1∶100。比例宜注写在图名下的粗横线右侧，其基准线应与粗横线取平；比例的字高宜比图名的字高小一号或两号（图 3-8）。绘图所用的比例，应根据图样的用途与被绘对象的复杂程度确定，并优先采用常用比例（表 3-9）。

 1∶100

（a）主图图名

 1∶20

（b）索引图图名

↑ 图名下的粗横线一般出现在一张图纸中的总图名下方，如果在一张图纸中有多个图样，那么多个图样的图名下不用加粗横线。

↑ 特别注意比例数字之间的符号是比例号（∶），而不是冒号（：）。

图 3-8　比例的注写

一般情况下，一个图样应选用一种比例。根据专业制图需要，同一图样可选用两种比例，特殊情况下也可自选比例，这时除应注出绘图比例外，还必须在适当位置绘制出相应的比例尺。

表 3-9 绘图所用的比例

比例种类	比例数据
常用比例	1：1、1：2、1：5、1：10、1：20、1：30、1：50、1：100、1：150、 1：200、1：500、1：1000、1：2000
可用比例	1：3、1：4、1：6、1：15、1：25、1：40、1：60、1：80、1：250、1：300、 1：400、1：600、1：5000、1：10 000、1：20 000、1：50 000、1：100 000、 1：200 000

3.5 符号

符号是文字的简化表现媒介，需要熟悉符号的寓意，灵活运用符号。

▶ 3.5.1 剖切符号

在剖面图中，剖切符号用于表示剖切所得立面在建筑平面图中的具体位置。

剖切符号由剖切位置线及剖视方向线组成，均应以粗实线绘制。剖切位置线宜为 6 ~ 10 mm；剖视方向线应垂直于剖切位置线，长度应短于剖切位置线，宜为 4 ~ 6 mm（图 3-9）。长边的方向表示切的方向，短边的方向表示看的方向。绘制时，剖切符号不应与其他图线相接触。剖切符号的编号宜采用阿拉伯数字，按顺序由左至右、由下至上连续编排，并应注写在剖视方向的端部。需要转折的剖切位置线，应在转角的外侧加注与该符号相同的编号。建（构）筑物剖面图的剖切符号，宜注在 ±0.00 标高的平面图上。

断面的剖切符号应只用剖切位置线表示，并应以粗实线绘制，长度宜为 6 ~ 10 mm。断面剖切符号的编号按顺序连续编排，并应注写在剖切位置线的一侧，编号所在的一侧应为该断面剖视方向（图 3-10）。如果剖面图或断面图与被剖切图样不在同一张图内，那么就在剖切位置线的另一侧注明所在图纸的编号，也可在图上集中说明。

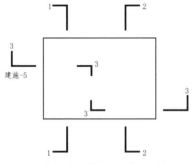

← 剖面是将设计构造剖切后，绘制剖切构造的形态，包括剖切后的构造轮廓与周边能看到的各种结构，可连续绘制。剖面图的观看方向由剖切符号中的短边来确定，短边的指向即是剖面图的观看方向。

图 3-9 标记剖面位置的剖切符号

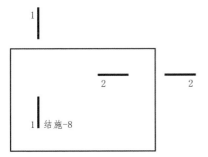

← 断面是将设计构造剖切后，只绘制剖切构造的形态，不绘制周边结构，剖切后断开的两个面构造形态相同，不存在观看方向的差异。断面图更加局部微观，因此断面符号更简洁。

图 3-10 断面的剖切符号

▶ 3.5.2 索引符号和详图符号

图纸中的某一局部或某一构件，若需另见详图，应以索引符号标注（图 3-11）。

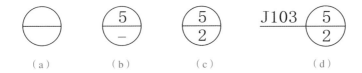

（a） （b） （c） （d）

↑ a. 索引符号由直径为 8~10 mm 的圆和水平直径组成，圆及水平直径均应以细实线绘制。

b. 索引出的详图，如果与被索引的图样同在一张图纸内，则应在索引符号的上半圆中用阿拉伯数字注明该详图的编号，并在下半圆中间画一段水平细实线。

c. 如果与被索引的图样不在同一张图纸内，则应在索引符号的上半圆中用阿拉伯数字注明该详图的编号，在索引符号的下半圆中用阿拉伯数字注明该详图所在图纸的编号。

d. 数字较多时，可加文字标注；如果采用标准图，则应在索引符号水平直径的延长线上加注该标准图册的编号。

图 3-11 索引符号

索引符号若用于索引剖面详图，则应在被剖切的部位绘制剖切位置线，并用引出线引出索引符号，引出线所在的一侧应为剖视方向（图 3-12）。

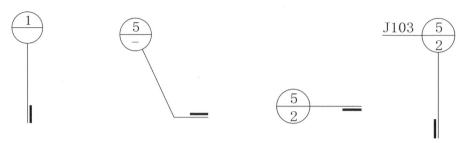

（a）图形基础画法　（b）在本张图中的第 5 号详图　（c）在第 2 张图中的第 5 号详图　（d）本详图来自图册

↑ a. 剖切线为粗实线，索引线为细实线，剖切线与索引线之间的位置关系很重要，索引线位于剖切线左侧，是指剖切后向左方观察。
b. 索引线位于剖切线下侧，是指剖切后向下方观察。
c. 剖切图旁有空白空间，可缩短索引线长度。
d. 若采用标准图，则应在索引符号水平直径的延长线上加注该标准图册的编号。

图 3-12　用于索引剖面详图的索引符号

零件、钢筋、杆件、设备等的编号，以直径为 4 ~ 6 mm（同一图样应保持一致）的细实线圆表示，其编号应用阿拉伯数字按顺序编写（图 3-13）。

详图的位置和编号，应以详图符号表示。详图符号的圆为直径 14 mm 的粗实线圆。详图与被索引的图样同在一张图纸内时，应在详图符号内用阿拉伯数字注明详图的编号（图 3-14）。

详图与被索引的图样不在同一张图纸内时，应用细实线在详图符号内画一水平直径，在上半圆中注明详图编号，在下半圆中注明被索引图纸的编号（图 3-15）。

↑ 零件、钢筋等形体较小，采用符号较小的编号。

↑ 与被索引图样同在一张图纸内的详图符号。

↑ 与被索引图样不在同一张图纸内的详图符号。

图 3-13　零件、钢筋等的编号

图 3-14　在本张图中的第 5 号详图

图 3-15　在第 3 张图中的第 5 号详图

▶ 3.5.3　引出线

　　引出线应以细实线绘制，宜采用水平方向的直线，与水平方向呈 30°、45°、60°、90°的直线，或经上述角度再折为水平线。文字说明宜注写在水平线的上方，或注写在水平线的端部。索引详图的引出线，应与水平直径相连接（图 3-16）。

|（a）文字说明在线上|（b）文字说明在线旁|（c）在第 12 张图中的第 5 号详图|

↑ 文字说明在线上多用于排版紧凑的图面，可整齐排列多项文字说明。　　↑ 文字说明在线旁多用于排版宽松的图面，仅有少量文字说明。　　↑ 将图中的细节引出至其他部位，绘制更详细的图纸。

图 3-16　引出线

　　同时引出几个相同部分的引出线，宜相互平行，也可画成集中于一点的放射线（图 3-17）。

→ 引出线平行多用于有大量文字说明的图。

 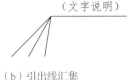

（a）引出线平行　　（b）引出线汇集

← 引出线汇集多用于有少量文字说明的图。

图 3-17　共用引出线

　　多层构造或多层管道共用引出线时，应通过被引出的各层。文字说明宜注写在水平线的上方，或注写在水平线的端部；说明的顺序应由上至下，并应与被说明的层次相一致；若层次为横向排序，则由上至下的说明顺序应与自左至右的层次相一致（图 3-18）。

→ 文字说明在图侧，上端文字为图中最左侧黑点所指内容。

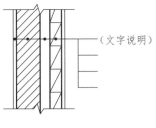 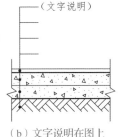

← 文字说明在图上，上端文字为图中最上方黑点所指内容。

（a）文字说明在图侧　　（b）文字说明在图上

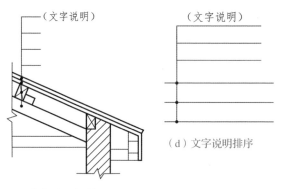

→ 文字说明在图侧上，上端文字为图中最上方黑点所指内容。

← 文字说明的排序要与黑点指示的位置相一致。

（d）文字说明排序

（c）文字说明在图侧上

图 3-18　多层构造引出线

3.5.4　其他符号

其他符号主要包括对称符号、连接符号和指北针（图 3-19～图 3-21）。

↑ 对称符号由对称线和两端的两对平行线组成，对称线用单点长画线绘制，平行线用细实线绘制，其长度宜为6～10 mm，每对的间距宜为2～3 mm，对称线垂直平分于两对平行线，两端超出平行线宜为2～3 mm。

图 3-19　对称符号

↑ 连接符号应以折断线表示需连接的部位，两部位相距过远时，折断线两端靠图样一侧应标注大写拉丁字母表示连接编号，两个被连接的图样必须用相同的字母编号。

图 3-20　连接符号

↑ 指北针其圆的直径宜为24 mm，用细实线绘制，指针尾部的宽度宜为3 mm，指针头部应注"北"或"N"字。需绘制较大指北针时，指针尾部宽度宜为直径的1/8。

图 3-21　指北针

3.6　定位轴线

定位轴线应用 0.25B 线宽的单点长画线绘制，编号注写在轴线端部的圆内，圆应用 0.25B 线宽的实线绘制，直径为 8 ～ 10 mm。定位轴线圆的圆心，应在定位轴线的延长线上或延长线的折线上。

▶ 3.6.1　定位轴线编号

平面图上定位轴线的编号，宜标注在图样的下方与左侧。英文字母的 I、O、Z 不得用作轴线编号，如果字母数量不够使用，那么可增用双字母或单字母加数字注脚，如 AA、BA……YA 或 A1、B1……Y1（图 3-22、图 3-23）。

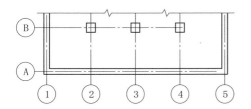

← 横向编号应用阿拉伯数字，按从左至右的顺序编写，竖向编号应用大写拉丁字母，从下至上顺序编写。

图 3-22　定位轴线的编号顺序

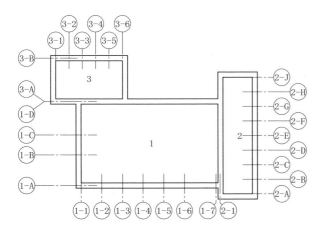

← 组合较复杂的平面图中定位轴线也可采用分区编号，编号的注写形式应为"分区号 - 该分区定位轴线编号"，分区号采用阿拉伯数字或大写拉丁字母表示。

图 3-23　定位轴线的分区编号

▶ 3.6.2 附加定位轴线编号

附加定位轴线编号以分数形式表示，并需按下列规定编写：两根轴线间的附加轴线，应以分母表示前一轴线的编号，分子表示附加轴线的编号，编号宜用阿拉伯数字顺序编写。

例如：$\frac{1}{2}$ 表示 2 号轴线之后附加的第一根轴线；$\frac{3}{C}$ 表示 C 号轴线之后附加的第三根轴线。

1 号轴线或 A 号轴线之前的附加轴线的分母应以 0A 或 01 表示。

例如：$\frac{1}{01}$ 表示 1 号轴线之前附加的第一根轴线；$\frac{3}{0A}$ 表示 A 号轴线之前附加的第三根轴线。

▶ 3.6.3 其他图样轴线编号

一个详图适用于几根轴线时，应同时注明各有关轴线的编号（图3-24）。通用详图中的定位轴线，应只画图，不注写轴线编号。圆形平面图中定位轴线的编号，其径向轴线宜用阿拉伯数字表示，从左下角开始，按逆时针顺序编写；其圆周轴线宜用大写拉丁字母表示，按从外向内的顺序编写（图3-25）。折线形平面图中定位轴线的编号，按图3-26 的形式编写。

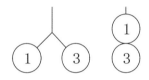

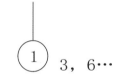

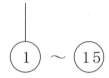

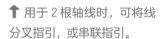

（a）用于2根轴线时　　　　（b）用于3根或3根以上轴线时　　　（c）用于3根以上连续编号的轴线时

⬆ 用于2根轴线时，可将线分叉指引，或串联指引。　⬆ 用于3根或3根以上轴线时，可将第2个轴标与其后的轴标写在旁边。　⬆ 用于3根以上连续编号的轴线时，可用"～"连贯指引。

图 3-24　详图轴线编号

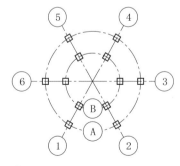

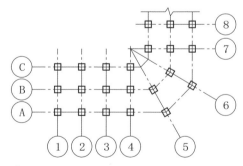

⬆ 圆形平面定位轴线编号，采取逆时针方向排序。　　　⬆ 折线形平面定位轴线编号，注意排序的延伸方向，右侧数字与左侧字母要有区分。

图 3-25　圆形平面定位轴线编号　　　图 3-26　折线形平面定位轴线编号

3.7 尺寸标注

尺寸标注是图纸识读与绘制的重点，细节要求较多，要避免数据与图线相混淆。

▶ 3.7.1 尺寸界线、尺寸线和尺寸起止符号

图样上的尺寸组成包括尺寸界线、尺寸线、尺寸起止符号和尺寸数字（图3-27）。尺寸界线应用细实线绘制，一般应与被注长度垂直，其一端应离开图样轮廓线不小于2mm，另一端宜超出尺寸线2～3mm。

图样轮廓线亦可用作尺寸界线（图3-28）。尺寸线应用细实线绘制，应与被注部分平行。图样本身的任何图线均不得用作尺寸线。

尺寸起止符号一般用中粗斜短线绘制，其倾斜方向应与尺寸界线顺时针呈45°，长度宜为2～3mm。半径、直径、角度和弧长的尺寸起止符号，宜用箭头表示（图3-29）。

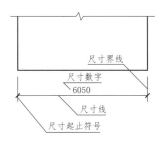

↑ 完整的尺寸标注组成为尺寸数字、尺寸线、尺寸界线、尺寸起止符号，彼此间保持有序、平齐、居中的状态。

图3-27 尺寸标注的组成

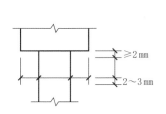

↑ 尺寸界线的细节尺寸多为2～3mm，这个尺寸是图纸打印在纸上的实际尺寸。

图3-28 尺寸界线

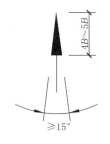

↑ 箭头的宽度为 B，长度是宽度的4～5倍，箭头的夹角要求大于或等于15°。

图3-29 箭头尺寸起止符号

3.7.2 尺寸数字

图样上的尺寸应以尺寸数字为准，不得从图上直接量取。图样上的尺寸单位，除标高及总平面以米（m）为单位外，均以毫米（mm）为单位。尺寸数字的方向应按图3-30（a）的规定注写。若尺寸数字在30°斜线区内，则应按图3-30（b）的形式注写。

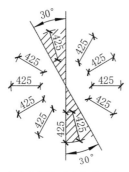

（a）倾斜角度与标注方向

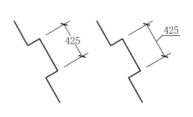

（b）倾斜标注数据位置

⬆ 在不同角度的标注图形上，数据大多数情况下都位于图形上方。

⬆ 单独的标注图形倾斜，但是数据不要倾斜。

图3-30　尺寸数字的注写方向

尺寸数字一般应依据其方向注写在靠近尺寸线的上方中部。若没有足够的注写位置，最外边的尺寸数字可注写在尺寸界线的外侧，中间相邻的尺寸数字可错开注写（图3-31）。

图3-31　尺寸数字的注写位置

← 数据不可与标注图形发生交错，应当尽量错开，并在最大限度上保持整齐一致。

3.7.3 尺寸的排列与布置

尺寸宜标注在图样轮廓以外，不宜与图线、文字及符号等相交（图3-32）。

互相平行的尺寸线，应从被注写的图样轮廓线由近向远整齐排列，较小的尺寸应离轮廓线较近，较大的尺寸应离轮廓线较远。图样轮廓线以外的尺寸界线，与图样最外轮廓之间的距离，不宜小于10 mm。平行排列的尺寸线的间距，宜为7～10 mm，并保持一致。总尺寸的尺寸界线应靠近所指部位，中间的分尺寸的尺寸界线可稍短，但其长度应相等（图3-33）。

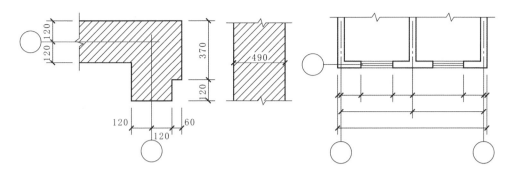

↑ 在填充区域中的数字，应当将周边填充图形删除或修剪，形成空白区域，用于正确、清晰地展示数据。

图 3-32 尺寸数字的注写

↑ 尺寸线之间的间距应保持一致，分尺寸标注在内，总尺寸标注在外。

图 3-33 尺寸的排列

▶ 3.7.4 半径、直径、球的尺寸标注

半径尺寸线应一端从圆心开始，另一端画箭头指向圆弧。在半径数字前应加注半径符号"*R*"（图 3-34）。

较小圆弧的半径，可按图 3-35 的形式标注。较大圆弧的半径，可按图 3-36 的形式标注。标注圆的直径尺寸时，直径数字前应加直径符号"*φ*"。

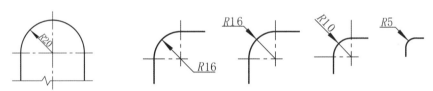

↑ 当图面面积合适时，应将数据标注在图形内部。

图 3-34 半径标注方法

↑ 当图面面积较小时，应将数据引出至图形外部标注。

图 3-35 小圆弧半径的标注方法

← 大圆弧半径的端点可以不在真实的圆心上，可采用折线来标识，或用断开线来标识。

图 3-36 大圆弧半径的标注方法

在圆内标注的尺寸线应通过圆心，两端画箭头指至圆弧（图3-37）。

较小圆的直径尺寸，可标注在圆外（图3-38）。标注球的半径尺寸时，应在尺寸数字前加注符号"SR"。标注球的直径尺寸时，应在尺寸数字前加注符号"Sφ"。注写方法与圆弧半径和圆直径的尺寸标注方法相同。

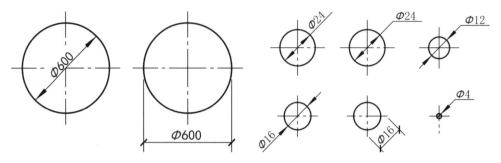

↑ 当图面面积合适时，应将数据标注在图形内部，或按常规标注在外部。

↑ 当图面面积较小时，应将数据引出至图形外部标注。

图3-37　圆直径的标注方法　　　　图3-38　小圆直径的标注方法

📌 3.7.5　角度、弧度和弧长的标注

角度的尺寸线，应以圆弧表示，该圆弧的圆心应是该角的顶点，角的两条边为尺寸界线。起止符号应以箭头表示，若没有足够位置画箭头，可用圆点代替，角度数字应按水平方向注写（图3-39）。

标注圆弧的弧长时，尺寸线应以该圆弧同心的圆弧线表示，尺寸界线应垂直于该圆弧的弦，起止符号用箭头表示，弧长数字上方应加注圆弧符号"⌒"（图3-40）。

标注圆弧的弦长时，尺寸线应以平行于该弦的直线表示，尺寸界线应垂直于该弦，起止符号用中粗斜短线表示（图3-41）。

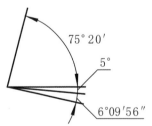
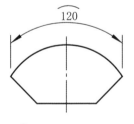
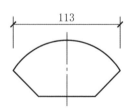

↑ 当图面空间允许时，数据应标注在角度弧线中央外部。当图面空间狭窄时，数据应用引线引出至标注角度弧线外部。

↑ 弧长标注的尺寸线应当与被标注弧线保持平行。

↑ 弦长标注的尺寸线应与该弦保持平行。

图3-39　角度标注方法　　　图3-40　弧长标注方法　　　图3-41　弦长标注方法

▶ 3.7.6　薄板厚度、正方形、坡度、曲线等标注

在薄板板面标注板厚尺寸时，应在厚度数字前加注厚度符号 "t"（图 3-42）。正方形的尺寸标注，可用 "边长 × 边长" 的形式；也可在边长数字前加正方形符号 "□"（图 3-43）。

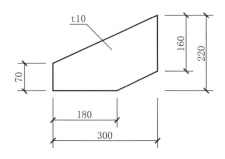

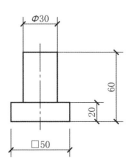

↑ 薄板厚度标注用引线引出标注，大多数标注应在图形的上方或侧上方。

↑ "□" 表示底边为正方形，"□" 后面的数据为边长。

图 3-42　薄板厚度标注方法

图 3-43　标注正方形尺寸

标注坡度时加注坡度符号 "◀—" 或 "←"［图 3-44（a）、（b）］，该符号为单面箭头，箭头应指向下坡方向。坡度也可用直角三角形的形式标注［图 3-44（c）］。

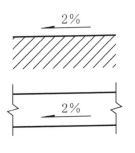

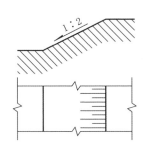

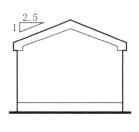

（a）常规坡度标注

（b）比例坡度标注

（c）三角形坡度标注

↑ 坡度符号的倾斜度应与实际坡度一致。

↑ 将坡度的长、高比例记录下来。

↑ 通过三角形符号来记录坡度的长、高比例。

图 3-44　坡度标注方法

外形为非圆曲线的构件，可用坐标形式标注尺寸（图3-45）。复杂的图形，还可以采用网格形式标注尺寸，网格的大小根据实际情况来划分，一般以正方形为单元（图3-46）。

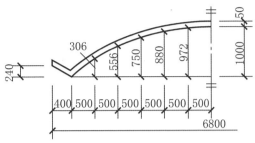

↑复杂的且有规律的曲线可以采用定位分段的形式标注。在纵向与横向上均有标注数据。

图3-45　坐标法标注曲线尺寸

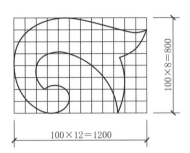

↑复杂的且无规律的曲线可以采用网格坐标的形式标注。这种方式多用于大样图，以满足材料放样加工需求。

图3-46　网格法标注曲线尺寸

✅ 识图与制图补充要点——尺寸数据标注要点 ✏️

尺寸数据标注是现代室内外装修施工图的灵魂，没有尺寸数据的图纸是无法用于施工的，在给图纸标注数据的过程中应当注意以下要点：

1. 标注的尺寸数据应当真实可靠，数据来自真实测量与设计构思，绘制图纸时应当根据这些数据绘制图线，尤其在现代计算机制图中，不能随意变更尺寸数据。

2. 平面图、立面图中的尺寸数据尾数一般为5或0，以0为佳，不用其他数据结尾，否则不便于施工测量。而在其他大样图、详图中没有这类要求，但是尾数也应当以5或0为佳。

3. 总标数据与分标数据应当一致，分标之和应当等于总标。

▶ 3.7.7　尺寸简化标注

　　杆件或管线的长度，在单线图（桁架简图、钢筋简明图、管线简图等）上，可直接将尺寸数字沿杆件或管线的一侧注写（图 3-47）。

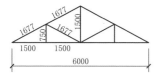

（a）围合形杆件标注

↑ 在围合空间中有序排列标注数据。

（b）条形杆件标注

↑ 标注数据在图形旁，主要数据的位置尽量贴近图形，并位于图形上方，左侧图形的标注数据靠左，右侧图形的标注数据靠右。

图 3-47　单线图尺寸标注方法

　　连续排列的等长尺寸，可用"个数 × 等长尺寸 = 总长"的形式标注（图 3-48）。构配件内的构造因素（例如孔、槽等）如果相同，可仅标注其中一个因素的尺寸（图 3-49）。

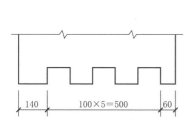

↑ 采用乘法算式标注具有规律性的构造，但是标注空间要足够大。

图 3-48　等长尺寸简化标注方法

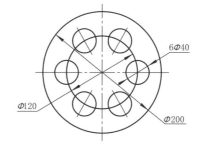

↑ 相同造型可选择有代表性的构造标注，注意错开标注，避免数据与图形混淆、重合。

图 3-49　相同要素尺寸标注方法

对称构配件与相似构件在标注时可简化标注（图 3-50、图 3-51）。

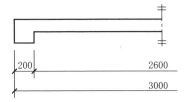

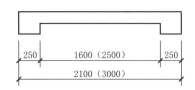

↑ 对称构配件采用对称省略画法时，该对称构配件的尺寸线应超过对称符号，仅在尺寸线一端画尺寸起止符号，尺寸数字按整体全尺寸注写，其注写位置与对称符号对齐。

图 3-50 对称构件尺寸标注方法

↑ 两个形体相似的构配件只有个别尺寸数字不同时，可在同一图样中将其中一个构配件的不同尺寸数字注写在括号内，该构配件的名称也应写在相应的括号内。

图 3-51 相似构件尺寸标注方法

数个构配件,如果仅某些尺寸不同,这些变化的数字可用拉丁字母注写在同一图样中,并另列表写明其具体尺寸（图 3-52、表 3-10）。

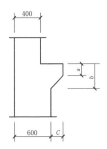

图 3-52 相似构配件尺寸表格式标注方法

表 3-10 标注数据（单位：mm）

构件编号	a	b	c
Z-1	200	200	200
Z-2	250	450	200
Z-3	200	450	250

↑ 对于较复杂的构造，可采用表格与代数的形式来标注。

📌 3.7.8 标高

标高符号应以直角等腰三角形表示，应当按图 3-53（a）所示形式用细实线绘制；若标注位置不够，也可按图 3-53（b）所示形式绘制。

→ 常规标高符号为倒置的等腰直角三角形。

（a）常规标高符号

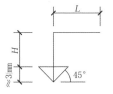

（b）引线标高符号

← 引线标高符号中，L 取适当长度注写标高数字，H 根据需要取适当高度。

图 3-53 标高符号

总平面图室外地坪标高符号, 宜用涂黑的直角等腰三角形表示, 具体画法见图 3-54。

标高符号的尖端应指至被注高度的位置, 尖端一般向下, 也可向上。标高数字应注写在标高符号的左侧或右侧 (图 3-55)。标高数字应以米为单位, 注写到小数点以后第三位, 在总平面图中, 可注写到小数点以后第二位。

零点标高应当注写成 ±0.000, 正数标高无须注 "+", 负数标高应当注 "-", 例如: 3.000、-0.600。在图样的同一位置需表示几个不同标高时, 标高数字可按图 3-56 的形式注写。

↑ 总平面图室外地坪标高符号无数据延伸线, 等腰直角三角形中填黑。

图 3-54　总平面图室外地坪标高符号

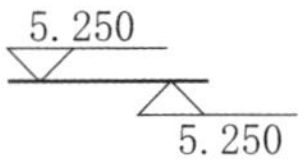

↑ 对同一个标高, 在不同构造上可正向、反向错开同时标注。

图 3-55　标高的指向

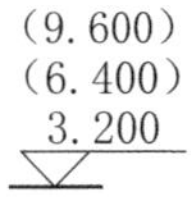

↑ 同一位置需注写多个标高数字时, 可堆积标高数据, 按从低到高、从下到上的顺序排列数据, 本图中的构造数据不用括号, 本图中没有显示的构造数据用括号括注。

图 3-56　同一位置注写多个标高数字

3.8　图例识读与应用

为了方便识别, 任何设计制图都有相应的图例, 在装修施工图中也需要用到建筑制图中的部分图例, 这些图例来自制图标准, 本节节选了《房屋建筑制图统一标准》GB/T 50001—2017 和《建筑制图标准》GB/T 50104—2010 中的部分图例, 它们的适用性很广, 能满足环境艺术设计制图的大多数需要。关于其他种类的制图如总平面图、给水排水图、电气图、暖通图中的图例, 见后面相关章节。

《房屋建筑制图统一标准》GB/T 50001—2017 只规定常用建筑材料的图例画法, 对其尺度比例未具体规定。使用时, 应根据图样大小而定。图例线间隔均匀, 疏密适度, 要做到图例正确, 表示清楚。不同品种的同类材料使用同一图例, 如某些特定部位的石膏板必须注明是防水石膏板时, 应在图上附加必要的说明。两个相同的图例相接时, 图例线宜错开或使其倾斜方向相反 (图 3-57)。两个相邻的涂黑图例之间, 如混凝土构件、金属件, 应留有空隙, 其宽度不得小于 0.7 mm (图 3-58)。

一张图纸内的图样只用一种图例, 或图形较小无法画出建筑材料图例时, 可不加图例, 但应加文字说明。需画出的建筑材料图例面积过大时, 可在断面轮廓线内, 沿轮廓线作局部表示 (图 3-59)。当选用国家标准中未包括的建筑材料时, 可自编图例, 但不得与国家标准所列的图例重复。绘制时, 应在适当位置画出该材料图例, 并加以说明。

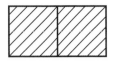
（a）同向填充

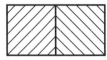
（b）异向填充

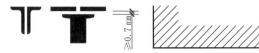

⬆ 同向填充的图形、图线应当错开，表明是两项独立的构造。异向填充的图形、图线可以对接。

⬆ 两件相邻的构件涂黑时，要保持间距，避免被误认为是为同一构件。

⬆ 局部表现图例时可填充一部分，无需作不必要的延伸或扩大。

图 3-57　相同图例相接时的画法

图 3-58　相邻涂黑图例的画法

图 3-59　局部表现图例

常用建筑材料应按表 3-11 所示图例绘制。《建筑制图标准》GB/T 50104—2010 中规定了构造及配件图例（表 3-12）。

表 3-11　常用建筑材料图例

序号	名称	图例	备注
1	自然土壤		包括各种自然土壤
2	夯实土壤	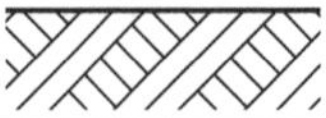	
3	砂、灰土		
4	砂砾石、碎砖三合土	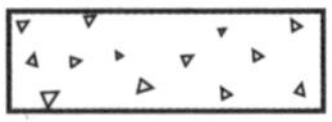	
5	石材	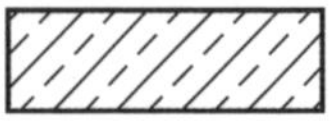	
6	毛石		
7	实心砖、多孔砖	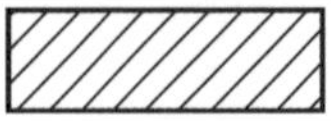	包括普通砖、多孔砖、混凝土砖等砌体
8	耐火砖	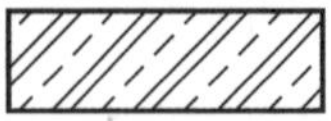	包括耐酸砖等砌体
9	空心砖、空心砌块	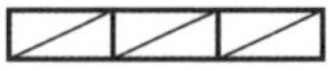	包括空心砖、普通或轻骨料混凝土小型空心砌块等砌体
10	饰面砖	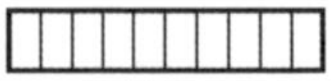	包括铺地砖、玻璃马赛克、陶瓷锦砖、人造大理石等
11	焦渣、矿渣	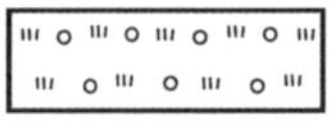	包括与水泥、石灰等混合而制成的材料

序号	名称	图例	备注
12	混凝土	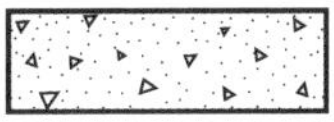	1. 在剖面图上表达钢筋时，不需绘制图例线； 2. 包括各种强度等级、骨料、添加剂的混凝土；
13	钢筋混凝土	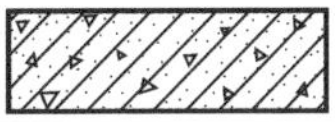	3. 当断面图形小，不易画出图例线时，可涂黑或深灰（灰度宜为 70%）
14	多孔材料	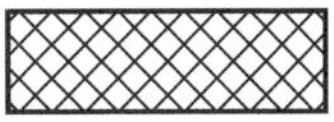	包括水泥珍珠岩、沥青珍珠岩、泡沫混凝土、非承重加气混凝土、软木、蛭石制品等
15	纤维材料	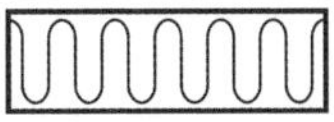	包括矿棉、岩棉、玻璃棉、麻丝、木丝板、纤维板等
16	泡沫塑料材料	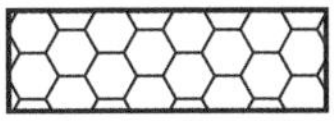	包括聚苯乙烯、聚乙烯、聚氨酯等多孔聚合物类材料
17	木材	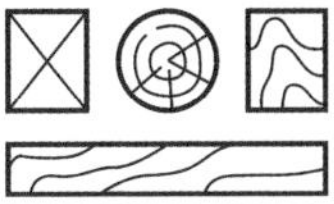	1. 上图为横断面，左上图为垫木、木砖或木龙骨； 2. 下图为纵断面
18	胶合板	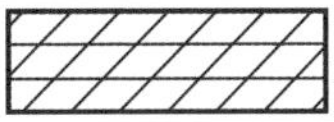	应注明胶合板层数
19	石膏板	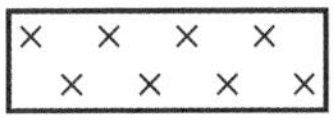	包括圆孔、方孔石膏板，防水石膏板，硅钙板，防火石膏板等
20	金属	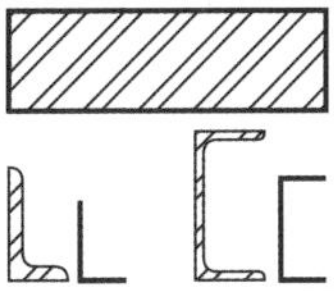	1. 包括各种金属； 2. 图形小时，可涂黑或深灰（灰度宜为 70%）
21	网状材料		1. 包括金属、塑料网状材料； 2. 应注明具体材料名称
22	液体	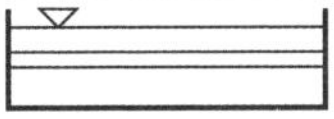	应注明具体液体名称
23	玻璃		包括平板玻璃、磨砂玻璃、夹丝玻璃、钢化玻璃、中空玻璃、夹层玻璃、镀膜玻璃等
24	橡胶		
25	塑料		包括各种软、硬塑料及有机玻璃等
26	防水材料		构造层次多或绘制比例大时，采用上面图例
27	粉刷	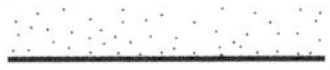	本图例采用的是较稀疏的点

注：1. 本表中所列图例通常在 1 : 50 及以上比例的详图中绘制表达。

2. 若需表达转、切块等砌体墙的承重情况是，可通过在原有建筑材料图例上增加填灰等方式进行区分，灰度宜为 25% 左右。

3. 序号 1、2、5、7、8、13、14、18、19、20、24、25 图例中的斜线、短斜线、交叉斜线等，一律倾斜 45°。

表 3-12　构造及配件图例

序号	名称	图例	备注
1	内墙		应加注文字或填充图例表示墙体材料，在项目设计图纸说明中列材料图例给予说明
2	隔断		1. 包括板条抹灰、木制、石膏板、金属材料等隔断； 2. 适用于到顶与不到顶隔断
3	栏杆		
4	楼梯	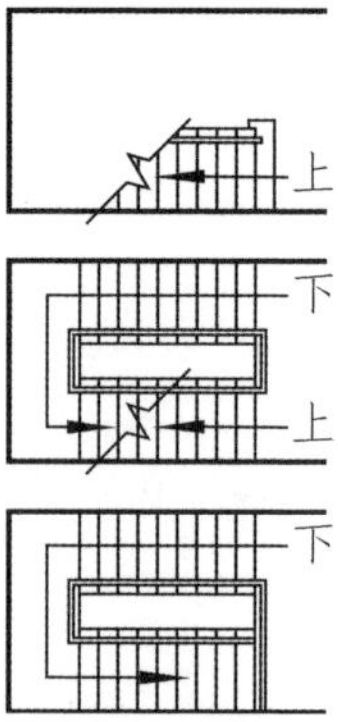	1. 上图为底层楼梯平面，中图为中间层楼梯平面，下图为顶层楼梯平面； 2. 楼梯及栏杆扶手的形式和梯段步数应按实际情况绘制
5	自动扶梯	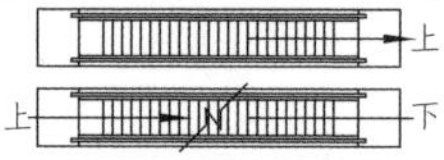	1. 自动扶梯和自动人行道、自动人行坡道可正逆向运行，箭头方向为运行方向； 2. 自动人行坡道应在箭头线段尾部加注"上"或"下"
6	自动人行道及自动人行坡道	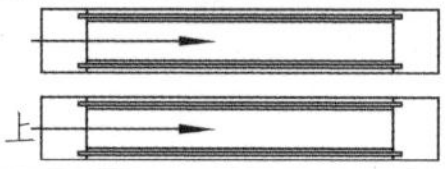	
7	电梯	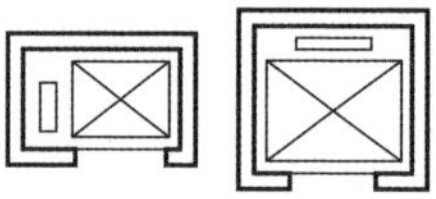	1. 电梯应注明类型，并画出门和平衡锤的实际位置； 2. 观景电梯等特殊类型电梯应参照本图例按实际情况绘制
8	坡道	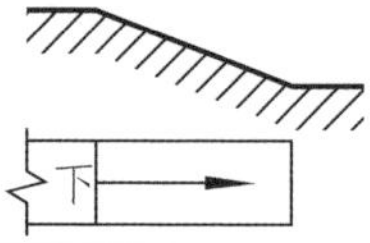 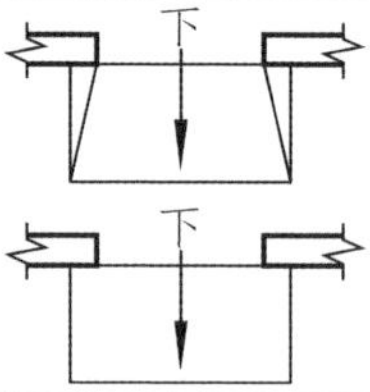	上图为长坡道，下图为门口坡道
9	平面高差	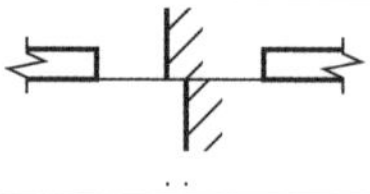	适用于高差小于 100 mm 的两个地面或楼面相接处
10	检查孔	 	左图为可见检查孔，右图为不可见检查孔
11	孔洞		阴影部分亦可以填充灰度或涂色代替
12	坑槽	 	

序号	名称	图例	备注
13	墙预留洞	宽×高 或 ∅ 标高	1. 以洞中心或洞边定位; 2. 宜以涂色区别墙体和留洞位置
14	墙预留槽	宽×高 或 ∅×深 标高	
15	烟道		1. 阴影部分可以涂色代替; 2. 若烟道与墙体为同一材料,则其相接处墙身线应断开
16	通风道		
17	新建的墙和窗		1. 本图是小型砌块墙的图例,绘图时应按所用材料的图例绘制;不易以图例绘制的,可在墙面上以文字或代号注明; 2. 小比例绘图时,平、剖面窗线可用单粗实线表示
18	改建时保留的原有墙和窗		在 AutoCAD 中绘制墙体和窗时,线宽需不同,线型颜色也需要有所区分
19	应拆除的墙		
20	改建时在原有墙或楼板上新开的洞		
21	在原有洞旁扩大的洞		图例为洞口向左边扩大

序号	名称	图例	备注
22	在原有墙或楼板上全部填塞的洞	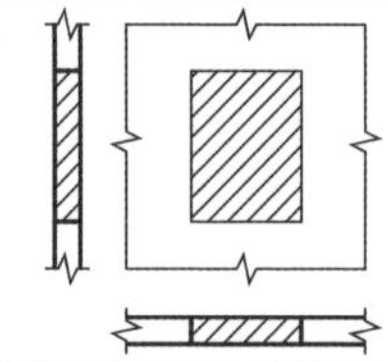	全部填塞的洞 图中立面填充灰度或涂色
23	在原有墙或楼板上局部填塞的洞	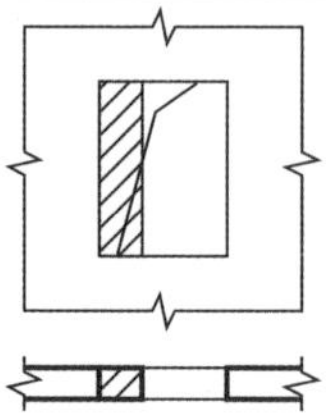	左侧为局部填塞的洞 图中立面填充灰度或涂色
24	空门洞	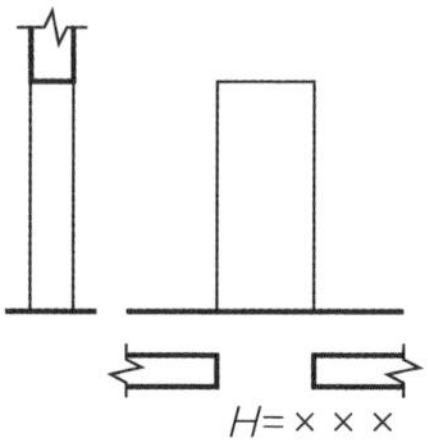 $H=\times\times\times$	H 为门洞高度
25	单面开启单扇门（包括平开或单面弹簧）	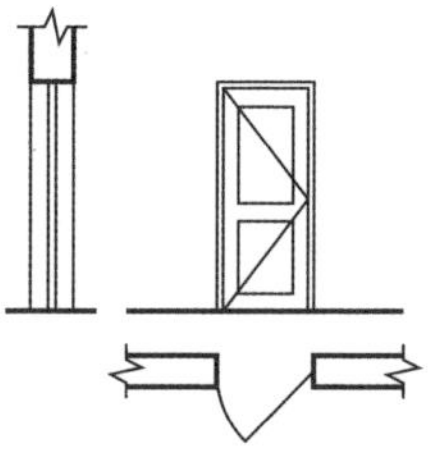	1. 门的名称代号用 M 表示； 2. 图例中剖面图左为外、右为内，平面图下为外、上为内； 3. 立面图上开启方向线交角的一侧为安装合页的一侧，实线为外开、虚线为内开； 4. 平面图上的门线应 90° 或 45° 开启，开启弧线宜绘出； 5. 立面图上的开启线在一般设计图中可不表示，在详图及室内设计图上应表示； 6. 附加纱扇的应以文字说明，在平、立、剖面图中均不表示； 7. 立面形式应按实际情况绘制
26	单面开启双扇门（包括平开或单面弹簧）	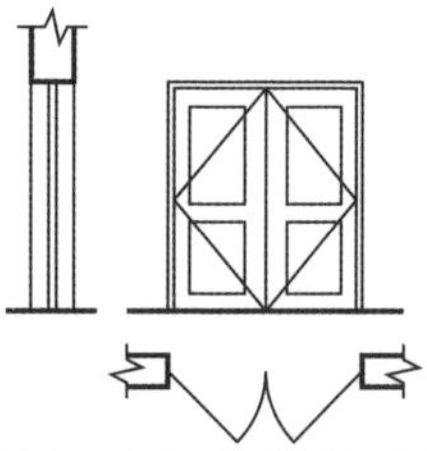	
27	折叠门	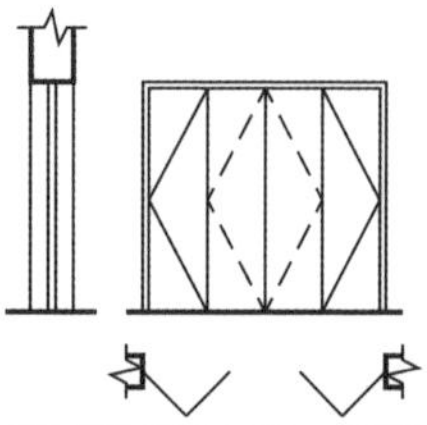	

序号	名称	图例	备注
28	双层单扇平开门	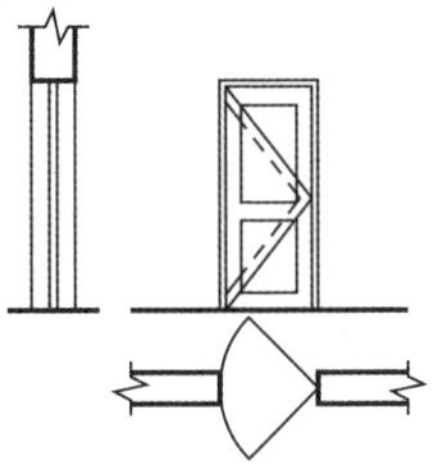	1. 门的名称代号用 M 表示； 2. 图例中剖面图左为外、右为内，平面图下为外、上为内； 3. 立面图上开启方向线交角的一侧为安装合页的一侧，实线为外开、虚线为内开； 4. 平面图上的门线应 90° 或 45° 开启，开启弧线宜绘出； 5. 立面图上的开启线在一般设计图中可不表示，在详图及室内设计图上应表示； 6. 附加纱扇的应以文字说明，在平、立、剖面图中均不表示； 7. 立面形式应按实际情况绘制
29	双层双扇平开门	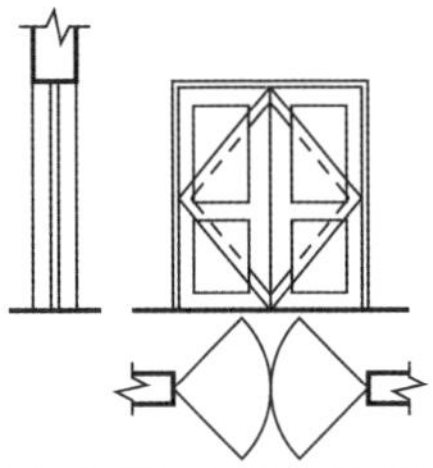	
30	旋转门	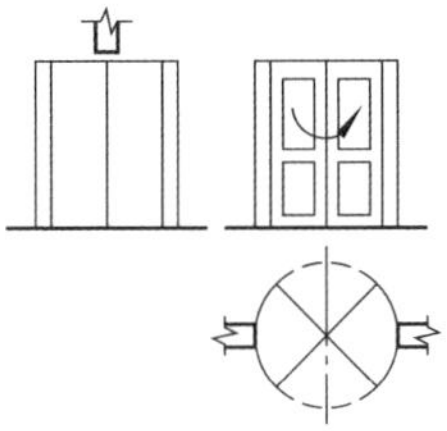	1. 门的名称代号用 M 表示； 2. 图例中剖面图左为外、右为内，平面图下为外、上为内； 3. 平面图上的门线应 90° 或 45° 开启，开启弧线宜绘出； 4. 立面图上的开启线在一般设计图中可不表示，在详图及室内设计图上应表示； 5. 立面形式应按实际情况绘制
31	自动门	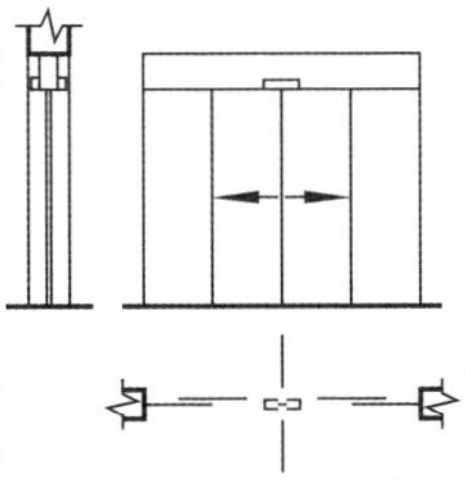	1. 门的名称代号用 M 表示； 2. 图例中剖面图左为外、右为内，平面图下为外、上为内； 3. 立面形式应按实际情况绘制
32	折叠上翻门	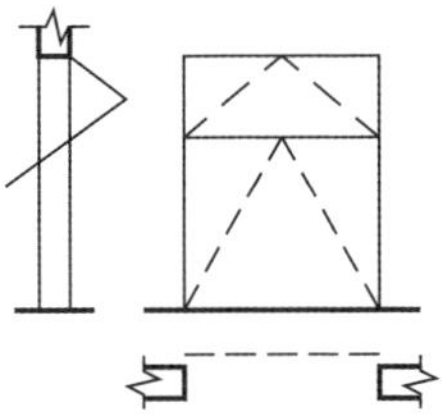	1. 门的名称代号用 M 表示； 2. 图例中剖面图左为外、右为内，平面图下为外、上为内； 3. 立面图上的开启线在一般设计图中可不表示，在详图及室内设计图上应表示； 4. 立面图形式应按实际情况绘制
33	竖向卷帘门	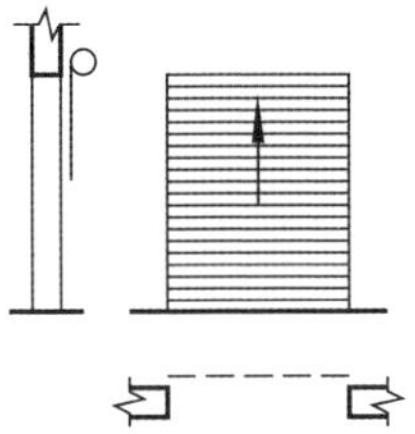	1. 门的名称代号用 M 表示； 2. 图例中剖面图左为外、右为内，平面图下为外、上为内； 3. 立面形式应按实际情况绘制

序号	名称	图例	备注
34	单层外开平开窗	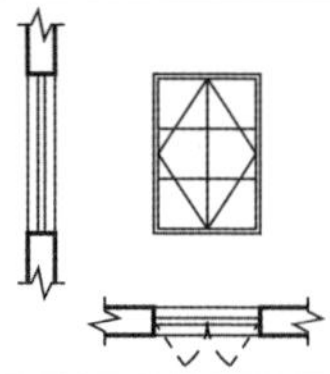	1. 窗的名称代号用 C 表示； 2. 立面图中的斜线表示窗的开启方向，实线为外开、虚线为内开；开启方向线交角的一侧为安装合页的一侧，一般设计图中可不表示； 3. 图例中，剖面图所示左为外、右为内，平面图下为外、上为内； 4. 平面图和剖面图上的虚线仅说明开关方式，在设计图中不需表示； 5. 窗的立面形式应按实际情况绘制； 6. 小比例绘图时平、剖面的窗线可用单粗实线表示
35	单层内开平开窗		
36	双层内外开平开窗		
37	推拉窗	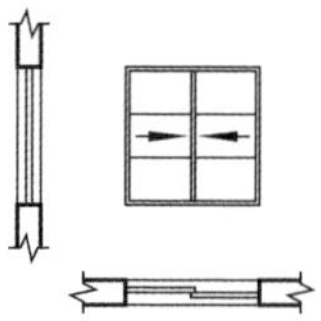	1. 窗的名称代号用 C 表示； 2. 图例中，剖面图所示左为外、右为内，平面图下为外、上为内； 3. 窗的立面形式应按实际情况绘制； 4. 小比例绘图时平、剖面的窗线可用单粗实线表示
38	百叶窗（百叶窗）	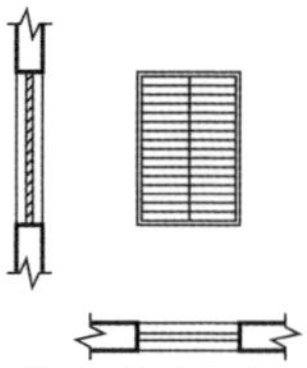	1. 窗的名称代号用 C 表示； 2. 立面图中的斜线表示窗的开启方向，实线为外开、虚线为内开；开启方向线交角的一侧为安装合页的一侧，一般设计图中可不表示； 3. 图例中，剖面图所示左为外、右为内，平面图下为外、上为内； 4. 平面图和剖面图上的虚线仅说明开关方式，在设计图中不需表示； 5. 窗的立面形式应按实际情况绘制； 6. H 为窗底距本层楼地面的高度
39	高窗	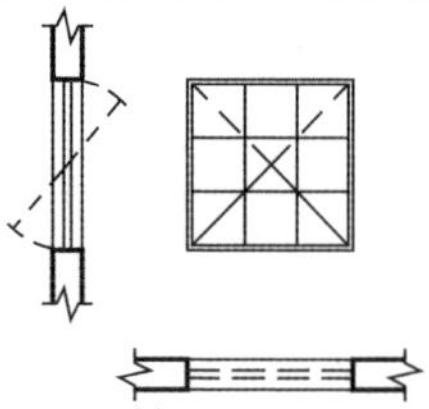 $H=\times\times\times$	

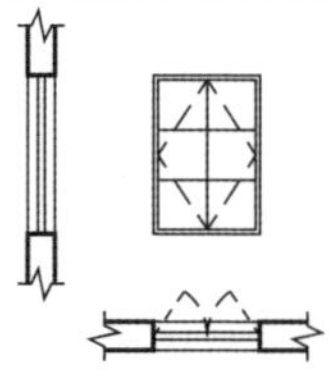

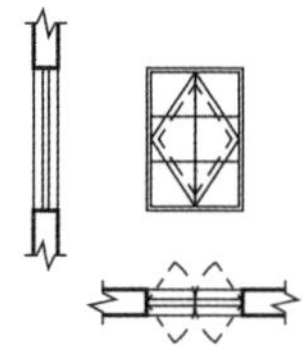

第4章 总平面图

识读难度： ★☆☆☆☆

核心概念： 总平面图、地形、标高、植物

章节导读： 总平面图是所有后续图纸的绘制依据，是表明一个设计项目总体布置情况的图纸。总平面图也被称为"总体布置图"，按一般规定比例绘制，表示建筑物、构建物的方位和间距等。由于具体施工性质、规模不同，总平面图所包含的内容的繁简程度也不同。在初学制图时，除了要强化理论知识，还需勤学勤练，多实践。

在开始绘制总平面图之前，要提前将周边环境了解清楚，建筑的具体尺寸要测量清楚，哪些构造可以改建、哪些构造不可以改建也要提前弄清楚。此外，绘图时的线型要提前设定好，这样也能方便后期的绘制和更改。

4.1　国家相关标准

总平面图既能表明新建房屋所在基础有关范围内的总体布置，也是房屋及其设施施工的定位、土方施工以及绘制水电、暖通总平面图和施工总平面图的依据。

▶ 4.1.1　图线和比例

1. 图线

《总图制图标准》GB/T 50103—2010 中对总平面图的绘制作了详细规定，总平面图的绘制还应符合《房屋建筑制图统一标准》GB/T 50001—2017 以及国家现行相关标准的规定。根据图样的复杂程度、比例和图纸功能，总平面图中的图线宽度 b，应按表 4-1 的规定选用合适的线型。

表 4-1　图线

名称		图例	线宽	用途
实线	粗		b	1. 新建建筑物 ±0.00 高度的可见轮廓线； 2. 新建的铁路、管线
	中		0.5b	1. 新建构筑物、道路、桥涵、边坡、围墙、露天堆场、运输设施、挡土墙的可见轮廓线； 2. 场地、区域分界线、用地红线、建筑红线、尺寸起止符号、河道蓝线； 3. 新建建筑物 ±0.00 高度以外的可见轮廓线
	细		0.25b	1. 新建道路路肩、人行道、排水沟、树丛、草地、花坛的可见轮廓线； 2. 原有（包括保留和拟拆除的）建筑物、构筑物、铁路、道路、桥涵、围墙的可见轮廓线； 3. 坐标网线、图例线、尺寸线、尺寸界线、引出线、索引符号等
虚线	粗		b	新建建筑物、构筑物的不可见轮廓线
	中		0.5b	1. 计划扩建建筑物、构筑物、预留地、铁路、道路、桥涵、围墙、运输设施、管线的轮廓线； 2. 洪水淹没线
	细		0.25b	原有建筑物、构筑物、铁路、道路、桥涵、围墙的不可见轮廓线

名称		图例	线宽	用途
单点长画线	粗	——— · ——— · ———	b	建筑的可见轮廓线；总图中原有建筑物和构筑物的可见轮廓线；制图中的各种标注线
	中	——— · ——— · ———	0.5b	建筑的不可见轮廓线；总图中原有建筑物和构筑物的不可见轮廓线
	细	——— · ——— · ———	0.25b	中心线、定位轴线
粗双点长画线		——— ·· ——— ·· ———	b	地下开采区塌落界线
折断线		———————⌁———————	0.25b	断开界线

注：应根据图样中所表示的不同重点，确定不同的粗细线型。如绘制总平面图时，新建建筑物采用粗实线，其他部分采用中线和细线；绘制管线综合图或铁路图时，管线、铁路采用粗实线。

2. 比例

总平面图制图所采用的比例，也应该符合表 4-2 的规定，一个图样宜选用一种比例。

表 4-2　比例

图名	比例
地理、交通位置图	1：25 000 ～ 1：200 000
总体规划、总体布置、区域位置图	1：2000、1：5000、1：10 000、1：25 000、1：50 000
总平面图、竖向布置图、管线综合图、土方图、铁路或道路平面图	1：300、1：500、1：1000、1：2000
场地断面图	1：100、1：200、1：500、1：1000
详图	1：1、1：2、1：5、1：10、1：20、1：50、1：100、1：200

▶ 4.1.2　其他标准

1. 计量单位

总平面图中的坐标、标高、距离宜以米为单位，并应至少取至小数点后两位，不足时以"0"补齐。详图宜以毫米为单位，如果不以毫米为单位，则应另加说明。建筑物、构筑物方位角（或方向角）的度数，宜注写到"秒"，特殊情况，应另加说明。道路纵坡度、场地平整坡度、排水沟沟底纵坡度宜以百分比（%）表示，并应取至小数点后一位，不足时以"0"补齐。

2. 坐标注法

总平面图应按上北下南方向绘制，根据场地形状或布局，可向左或右偏转，但不宜超过 45°，图中还应绘制指北针或风玫瑰图（图 4-1）。坐标网格应以细实线表示。测量坐标网应画成交叉十字线，坐标代号宜用"X、Y"表示；建筑坐标网应画成网格通线，坐标代号宜用"A、B"表示（图 4-2）。

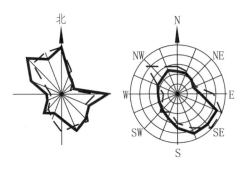

风玫瑰图也称为"风向频率玫瑰图"，是根据某一地区多年平均统计的各方风向和风速的百分数值，并按一定的比例绘制，一般多用8个或16个罗盘方位表示，由于该图的形状形似玫瑰花朵，故名"风玫瑰图"。风玫瑰图上所表示风的吹向（即风的来向），是指从外面吹向该地区中心的方向。风玫瑰图只适用于一个地区，特别是平原地区，地形、地貌会对风气候有直接的影响。图中线段最长者，即外面到中心的距离越大，表示风频越大，其为当地主导风向；线段最短者，即外面到中心的距离越小，表示风频越小，其为当地最小风频。总平面图布局时注意风向对工程位置的影响，如把清洁的建筑物布置在主导风向的上风向；污染建筑物布置在主导风向的下风向、最小风频的上方向。消防监督部门会根据国家有关消防技术规范在图纸审核时查看风玫瑰图，风玫瑰图与相关数据则一般由当地气象部门提供。

图 4-1　指北针与风玫瑰图

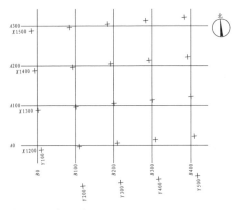

图中 X 为南北方向轴线，X 的增量在 X 轴线上；Y 为东西方向轴线，Y 的增量在 Y 轴线上。A 轴相当于测量坐标网中的 X 轴，B 轴相当于测量坐标网中的 Y 轴。

图 4-2　坐标网格

坐标值为负数时，应注"-"号；为正数时，"+"号可省略。总平面图上有测量和建筑两种坐标系统时，应在附注中注明两种坐标系统的换算公式。表示建筑物、构筑物位置的坐标，宜注其 3 个角的坐标；若建筑物、构筑物与坐标轴线平行，可注其对角坐标。

在一张图上，主要建筑物、构筑物用坐标定位时，较小的建筑物、构筑物也可用相对尺寸定位。建筑物、构筑物、铁路、道路、管线等应标注下列部位的坐标或定位尺寸：建筑物、构筑物的定位轴线（或外墙面）或其交点；圆形建筑物、构筑物的中心；皮带走廊的中线或其交点；管线（包括管沟、管架或管桥）的中线或其交点；挡土墙墙顶外边缘线或转折点。

坐标宜直接标注在图上，如果图面无足够位置，也可列表标注。在一张图上，当坐标数字的位数太多时，可将前面相同的位数省略，其省略位数应在附注中加以说明。

3. 标高注法

标高注法应以含有 ±0.00 标高的平面作为室内总图平面，图中标注的标高应为绝对标高，若标注相对标高，则应注明相对标高与绝对标高的换算关系（图 4-3、图 4-4）。

➡ 建筑物室内地坪，标注建筑图中 ±0.00 处的标高，对不同高度的地坪，分别标注其标高。

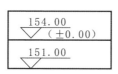

图 4-3　地坪标高

图 4-4　代表性标高

⬅ 建筑物室外散水，标注建筑物四周转角或两对角的散水坡脚处的标高；构筑物标注其有代表性的标高，并用文字注明标高所指的位置。

道路要标注路面中心交点及变坡点的标高；挡土墙要标注墙顶和墙趾标高，路堤、边坡要标注坡顶和坡脚标高，排水沟要标注沟顶和沟底标高；场地平整要标注其控制位置标高，铺砌场地要标注其铺砌面标高。标高符号应按《房屋建筑制图统一标准》GB/T 50001—2017 中"标高"一节的相关规定标注。

4. 名称和编号

总平面图上的建筑物、构筑物应注写名称，名称宜直接标注在图上。当图样比例小或图面无足够位置时，也可编号列表编注在图内。当图形过小时，可标注在图形外侧附近处。在一个工程项目中，一整套总图图纸所注写的场地、建筑物、构筑物、道路等的名称应统一，各设计阶段的上述名称和编号应一致。

5. 图例

总平面图例内容很多，这里列举部分常用图例（表 4-3），全部图例可以查阅《总图制图标准》GB/T 50103—2010 相关章节。

表 4-3　总平面图中的常用图例

序号	名称	图例	备注
1	新建的道路	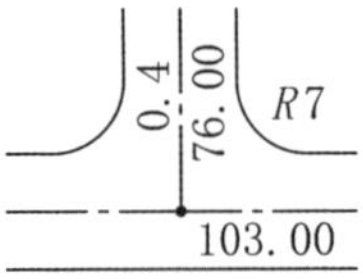	"R7"表示道路转弯半径为 7 m，"103.00"为道路中心线交叉点设计标高，"0.4"表示 40% 的道路坡度，"76.00"表示变坡点间距离
2	原有道路	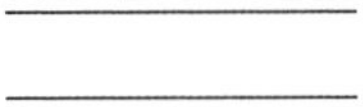	
3	计划扩建的道路	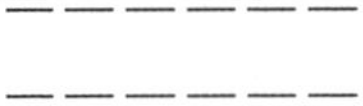	
4	拆除的道路	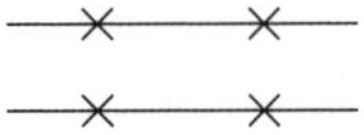	
5	人行道	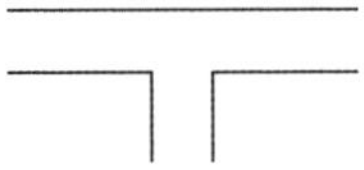	
6	道路曲线段	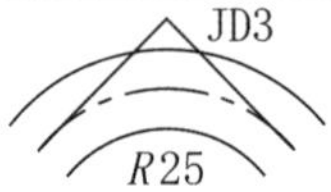	"JD3"为曲线转折点编号；"R25"表示道路中心曲线转弯半径为 25 m
7	新建建筑物	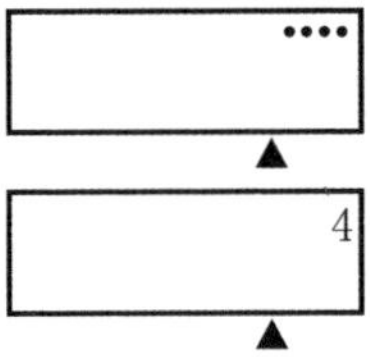	1. 需要时，可用▲表示出入口，可在图形内右上角用点数或数字表示层数； 2. 建筑物外形（一般以 ±0.00 高度处的外墙定位轴线或外墙面为准）用粗实线表示。需要时，地面以上建筑用中粗实线表示，地面以下建筑用细虚线表示
8	原有建筑物	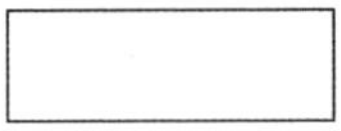	用细实线表示
9	计划扩建的预留地或建筑物		用中粗虚线表示
10	拆除的建筑物	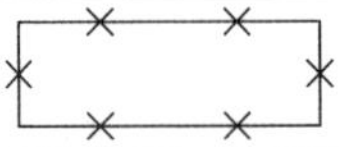	用细实线表示
11	铺砌场地	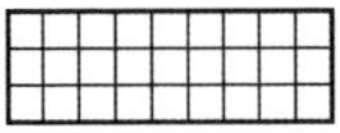	
12	敞棚或敞廊	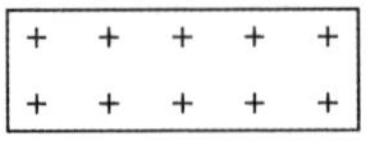	
13	围墙及大门	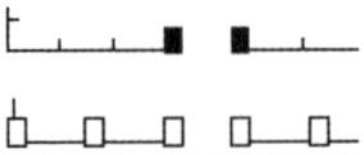	上图为实体性质的围墙，下图为通透性质的围墙，若仅表示围墙，则不画大门
14	坐标	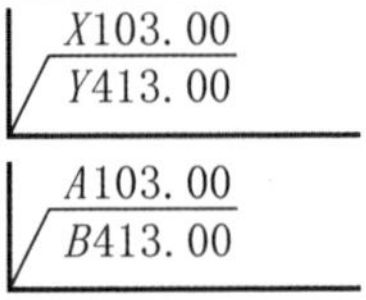 $X103.00$ / $Y413.00$ $A103.00$ / $B413.00$	上图表示测量坐标，下图表示建筑坐标

序号	名称	图例	备注
15	填挖边坡	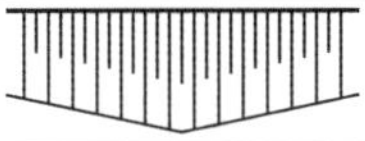	边坡较长时，可在一端或两端局部表示，下边线为虚线时，表示填方
16	护坡	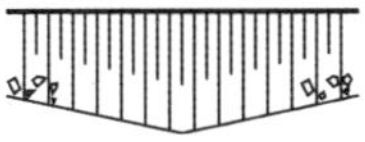	
17	雨水口与消火栓井	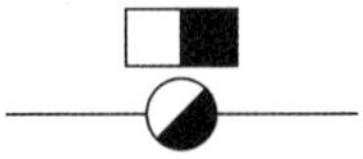	上图表示雨水口，下图表示消火栓井
18	室内标高	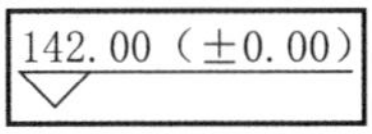 142.00（±0.00）	
19	管线	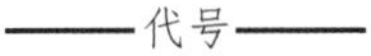 代号	管线代号按国家现行相关标准的规定标注
20	地沟管线	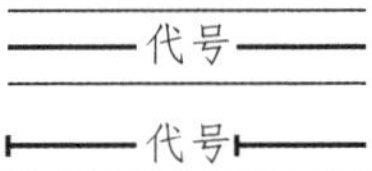 代号	
21	常绿针叶乔木		
22	常绿阔叶乔木	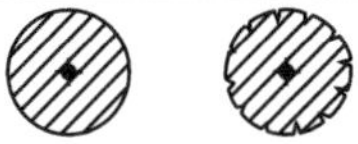	
23	常绿阔叶灌木		
24	落叶阔叶灌木		
25	草坪	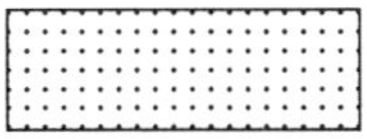	
26	花坛	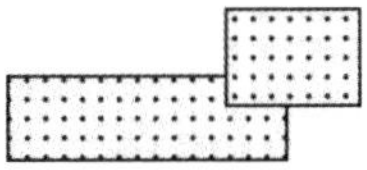	

4.2　总平面图要素

要想全面地绘制出总平面图，就要先了解清楚总平面图的内容和用途。总平面图是对原有地形、地貌的改造和新的规划，图中应该标明规划用地的现状和范围，且需要依照比例表示出规划用地范围内各景观组成要素的位置和外轮廓线。总平面图还要反映出规划用地范围内景观植物的种植位置，因此绘制时要对植物的种类加以区分。

1. 地形

在总平面图中，地形的高低变化和分布情况通常用等高线来表示，表现设计地形的等高线要用细实线绘制，表现原地形的等高线要用细虚线绘制，一般只标注设计地形，不标注高程。

2. 水体

水体一般用两条线表示，外面的线用特粗实线绘制，表示水体边界线即驳岸线，里面的线用细实线绘制，表示水体的常水位线。

3. 山石

山石的绘制方法可以用其水平投影轮廓线概括表示，一般以粗实线绘制出边缘轮廓并以细实线概括性地绘制出山体的皱纹即可。

4. 道路

在总平面图中，道路一般情况下只需用细实线画出路缘即可，但在一些大比例图纸中为了更明确地表现设计意图，可以按照设计意图对路面的铺装形式、图案进行简略的表示，可配上相关的注解文字。

5. 植物

景观植物由于种类繁多，姿态各异，总平面图中无法详尽表达，所以一般采用图例概括表示。绘制植物平面图图例时，要注意曲线需过渡自然，图形应该形象、概括，树冠的投影、大小要按照成龄以后的树冠大小绘制，所绘图例必须区分出针叶树、阔叶树、常绿树、落叶树、乔木、灌木、绿篱、花卉、草坪以及水生植物等。

一般情况下，在总平面图中不会要求表示出具体的植物品种，但是规划面积较小的简单设计，会将总平面图与种植设计平面图合二为一，此时，在总平面图中就要表示出具体的植物品种（图4-5）。

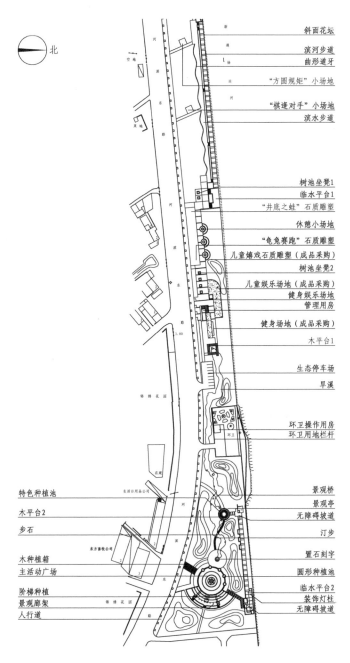

↑ 总平面图根据设计对象不同而绘制内容不同，以景观为主的总平面图会更多表现景观构造与绿化，面积大的总平面图会更倾向于标注道路设施。在装修施工图中，总平面图更多倾向于材料、构造的标注，而对于整体尺寸，可以在后期施工图中表现。

图 4-5　某河滨公园总平面图（1：2000）

4.3 总平面图的绘制方法

在施工图中所需绘制的总平面图一般涉及绿化布置、景观布局等方面，或者作为室内平面图的延伸，一般不涉及建筑构造和地质勘测等细节。总平面图需要表述的是道路、绿化、小品、构件的形态和尺度，对于需要细化表现的设计对象，也可以增加后续平面图和大样图作为补充。设计师能否绘制出完整、准确的总平面图，关键在于能否获取一手的地质勘测图或建筑总平面图，有了这些资料，再加上几次实地考察和优秀的创意设计，绘制高质量的总平面图就不难了。

下面介绍总平面图具体的绘制方法，全过程可以分为 3 个步骤。

▶ 4.3.1 确定总体图纸框架

（1）经过详细现场勘测后绘制出总平面图初稿，并携带初稿再次赴现场核对，最好能向投资方索要地质勘测图或建筑总平面图，资料收集得越多越好。

（2）对于设计面积较大的现场，需参考地图来核实。总平面图初稿可以是手绘稿，也可以是计算机图稿，图纸要能正确表示出设计现场的设计红线、尺寸、坐标网格和地形等高线，要能准确标出建筑所在位置。

（3）经过至少两次核实后，将详细的框架图纸单独描绘一遍，保存下来，方便随时查阅。

（4）总平面图的图纸框架可简可繁，对于大面积的住宅小区和公园，由于地形地貌复杂，图纸框架必须很详细，而小面积户外广场或住宅庭院就比较简单了，但无论哪种情况，都要认真对待，图纸框架是后续设计的基础（图4-6）。

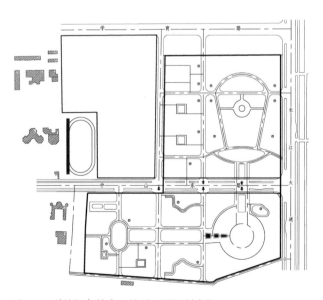

← 绘制出基础框架，这些形体的尺寸数据来源于设计院或档案馆，也可以现场测量，对周边环境也要进行简要表现。

图4-6 科技服务综合区总平面图绘制步骤一

☑ **识图与制图补充要点——建筑红线** ✏

　　建筑红线又被称为"建筑控制线"，是指在城市规划管理中，控制城市道路两侧沿街建筑物或构筑物（如外墙、台阶等）靠临街面的界线，任何临街建筑物或构筑物均不得超过建筑红线。

　　建筑红线由道路红线和建筑控制线组成，道路红线是城市道路（含居住区级道路）用地的规划控制线，而建筑控制线是建筑物基底位置的控制线。基底与道路邻近一侧，一般以道路红线为建筑控制线，如果因城市规划需要，主管部门可在道路线以外另定建筑控制线，任何建筑都不得超越已给定的建筑红线。

▶ 4.3.2　表现设计对象

　　（1）总平面图的基础框架出来后可以复印或描绘一份，使用铅笔或彩色中性笔绘制创意草图，经过多次推敲、研究后再绘制正稿。

　　（2）总平面图的绘制内容比较多，如果没有一份较完整的草图，那么会导致多次返工，从而影响工作效率。具体设计对象主要包括需要设计的道路、花坛、小品、建筑构造、水池、河道、绿化、围墙、围栏、台阶、地面铺装等。

　　（3）一般先绘制固定对象，再绘制活动对象；先绘制大型对象，再绘制小型对象；先绘制低海拔对象，再绘制高海拔对象；先绘制规则形对象，再绘制自由形对象等。总之，要先易后难，使绘图者的思维不断精密后再绘制复杂对象，这样才能使图面更加丰富完整（图4-7）。

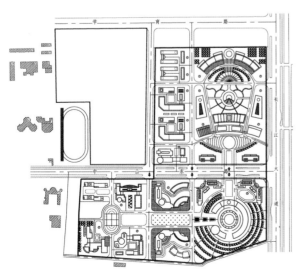

← 细致绘制绿化景观、建筑造型，并对建筑结构、设施等基本形体进行填充，绘制出绿化物等细节。

图4-7　科技服务综合区总平面图绘制步骤二

▶ 4.3.3 加注文字与数据

（1）当主要设计对象绘制完毕后，就加注文字和数据，这主要包括建筑构件名称、绿化植物名称、道路名称、整体和局部尺寸数据、标高数据、坐标数据、中轴对称线。

（2）小面积总平面图可以将文字通过引出线引出到图外加注，大面积总平面图要预留书写文字和数据的位置，对于相同构件可以只标注一次，但是两构件相距太远时，也需要重复标明。此外，为了丰富图面效果，还可以加入一些配饰，如车辆、水波等，最后加入风玫瑰图和方向定位。

（3）加注的文字与数据一定要翔实可靠，不能凭空臆想，同时，这个步骤也是检查、核对图纸的关键，很多不妥的设计方式或细节错误都是在这个环节发现并加以更正的。

（4）当文字和数据量较大时，应该从上到下或从左向右逐个标注，以免有所遗漏，对于非常复杂的图面，还应该在图外编写设计说明，强化图纸的表述能力。只有图纸、文字、数据三者完美结合，才能真实、客观地反映出设计思想，体现制图品质（图4-8）。

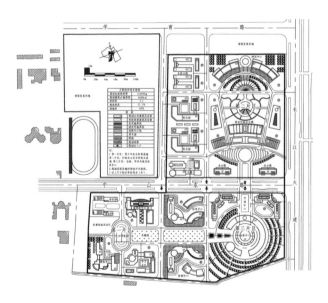

← 加注文字与设计细节，不要遗漏任何有实际功能的图形元素，最后进行整体调整，增补设计说明文字与数据信息。

图4-8　科技服务综合区总平面图绘制步骤三（1：4000）

☑ 识图与制图补充要点——如何制图美观 🖉

（1）如果绘制平行且距离不大的两条线（同一物质），必须一粗一细。

（2）多行文字标准要展开，文字标注与尺寸标注也需各自展开些。

（3）在整张图纸中，索引的线必须全部平行。

（4）打印出来若字太小，可调大些，可参考 10 号字，文字标注必须在图外。另外，图纸的编号用 6 号字。

（5）尺寸标注线用最细的，尺寸上的数字以及文字标注可采用白色字体。

（6）同一排或列的尺寸标注，较大的尺寸标注在最外头。

（7）网格放样图中的字体和原点可相对于同比例的图里的字体放大。

（8）同一张图中的标注必须全部统一。

（9）在一项设计里，若水流经过的组团大于或者等于 5 个，则必须为水流界限单独画一张网格放样图。

4.4　总平面图案例

在室内外装修施工图中，总平面图起到的作用是统领全局，将后期设计对象与细节进行预先表述，后期设计图纸的深入程度与总平面图无关，但是后期设计图纸的参考依据却是总平面图。因此，装修施工图中的总平面图涵盖的信息较少，图纸幅面较小，一般不超过 A2，而建筑设计中的总平面图信息较多，图纸幅面较大，一般会超过 A2。

在识读与绘制总平面图时注意文字、数据信息的识读，尤其是要认清海拔标高，这对后期设计建筑或景观外墙立面装修很重要（图 4-9）。

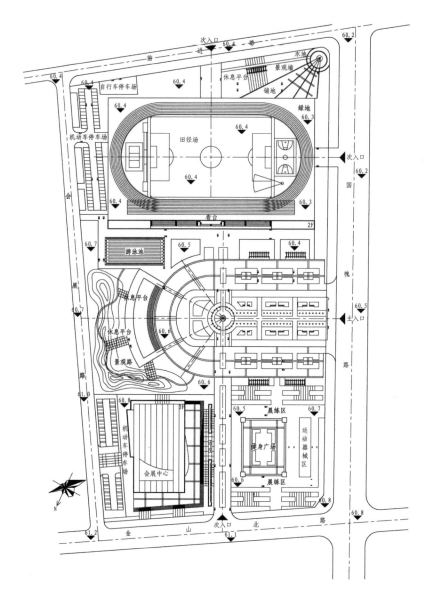

↑ 总平面图的绘制需要根据图纸幅面大小来安排文字、数字信息，幅面大可以多标注信息，幅面小则根据类型分图纸标注。

图 4-9 某会展活动中心总平面图（1 ： 2000）

第 5 章　平面图

识读难度： ★★☆☆☆

核心概念： 基础平面图、平面布置图、地面铺装平面图、顶棚平面图

章节导读： 平面图是建筑物、构筑物等在水平投影上所得到的图形，它运用图像、线条、数字、符号和图例等有关图示语言，遵循国家标准的规定，既表示出建筑物各部分之间在水平方向的组合关系，又反映出各建筑空间与围合它们的垂直构件之间的相互关系。

平面图是建筑施工中比较重要的基础图，绘制好平面图，对于后期的施工有很大的帮助。在绘制平面图之前要测量好需要的尺寸，梁、柱、管道等位置要定位好，测量时记得要拍照，以便后期参考。

5.1 基础平面图

基础平面图又称为"原始平面图"，是指设计对象现有的布局状态图，包括现有建筑与构造的实际尺寸，墙体分隔、门窗、烟道、楼梯、给水排水管道位置等信息，并且要在图上标明能够拆除或改动的部位，为后期设计奠定基础。平面图又分为基础平面图、平面布置图、地面铺装平面图和顶棚平面图。绘制平面图时，可以根据《房屋建筑制图统一标准》GB/T 50001—2017 和实际情况来掌握图线的使用（表 5-1）。

表 5-1 图线

名称		图例	线宽	用途
实线	粗		b	室内外建筑物、构筑物主要轮廓线、墙体线、剖切符号等
	中		0.5b	主要设计构造的轮廓线，门窗、家具轮廓线，一般轮廓线等
	细		0.25b	设计构造内部结构轮廓线，图案填充，文字、尺度标注线，引出线等
细虚线			0.25b	不可见的内部结构轮廓线
细单点长画线			0.25b	中心线、对称线等
折断线			0.25b	断开界线

有的投资方还想知道各个空间的面积，以便后期计算材料的用量和施工的工程量，所以还需要在上面标注相关的文字信息。基础平面图也可以是房产证上的结构图或地产商提供的原始设计图，这些资料都可以作为后期设计的基础。绘制基础平面图之前要对设计现场做细致的测量，将测量信息记录在草图上。具体绘制就比较简单了，一般可以分为两个步骤。下面就为大家介绍一下基础平面图的绘制方法。

5.1.1 绘制基础框架

（1）根据土建施工图所标注的数据绘制出墙体中轴线，中轴线采用细点画线，如果设计对象面积较小，且位于建筑中某一局部且相对独立，也可以不用标注轴标。

（2）根据中轴线定位绘制出墙体，绘制墙体时注意保留门、窗等特殊构造的洞口，最后根据墙线标注尺寸。

（3）注意不同材料的墙体相接时，需要通过绘制边界线来区分，即需要断开区分，墙体线相交的部位不宜出头，对柱体和剪力墙应做相关填充。

（4）墙体绘制完成后要注意检查，及时更正出现的错误，尤其要认真复核尺寸，以免大批量返工（图 5-1）。

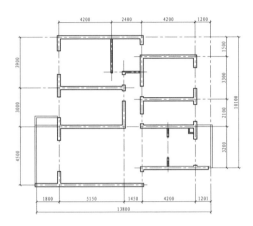

← 从轴线开始绘制平面图，大多是借用建筑图纸开始绘制，这样所绘图尺寸比较精确。理论上墙体厚度为 240 mm，这指的是传统的砌筑墙体厚度，如今砌筑砖块规格多样，因此，从轴线开始绘制的平面图的尺寸与实际施工尺寸是有差距的，但是从轴线开始绘制能准确把握好建筑结构之间的关系。

图 5-1　住宅室内基础平面图绘制步骤一

✅ 识图与制图补充要点——图纸绘制与装订顺序 ✏️

装修施工图纸一般根据人们的阅读习惯和图纸的使用顺序来装订，从头到尾依次为图纸封面、设计说明、图纸目录、总平面图（根据具体情况增减）、平面图（包括基础平面图、平面布置图、地面铺装平面图、顶棚平面图等）、给水排水图、电气图、暖通空调图、立面图、剖面图、构造节点图、大样图等，根据需要可能还会在后面增加轴测图、装配图和透视效果图等。

不同项目设计的侧重点不同，这也会影响图纸的数量和装订顺序。例如，追求图面效果的商业竞标方案可能会将透视效果图放在首端，而注重施工构造的家具设计方案可能全部以轴测图的形式出现，这样就没有其他类型的图纸了。总之，图纸数量和装订方式要根据设计趋向来定，目的在于清晰、无误地表达设计者和投资方的意图。

▶ 5.1.2 标注基础信息

（1）墙体确认无误后就可以添加门、窗等原始固定构造了，边绘制边标注门窗尺寸，绘制在设计中需要拆除或添加的墙体隔断，记录顶棚横梁，并标明尺寸和记号。

（2）记录水电管线及特殊构造的位置，方便后期继续绘制给水排水图和电路图，标注室内外细节尺寸，越详细越好，方便后期绘制各种施工图。

（3）当设计者无法获得原始建筑平面图时，只能到设计现场去考察测量了，测量的尺寸一般是室内或室外的成型尺寸，而无法测量到轴线尺寸。为此，在绘制基础平面图时，也可以不绘制轴线，直接从墙线开始，并且只标注墙体和构造的净宽数据，具体尺寸精确到厘米（cm）。

（4）绘制基础平面图的目的是为后期设计提供原始记录。当一个设计项目需要提供多种设计方案时，基础平面图就是修改和变更的原始依据，所绘制的图线应当准确无误，标注的文字和数据应当翔实可靠（图 5-2）。

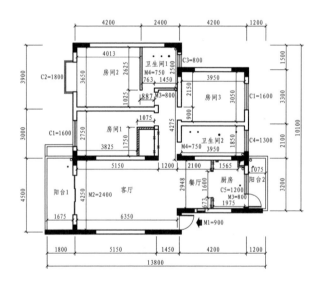

← 在室内空间中标注尺寸应尽量详细，全面覆盖各墙面的宽度与高度，但应尽量控制好标注数据，彼此之间不要相互压制，以免出现混淆不清的情况。对拆除与新砌筑的墙体要标明，此外还要标出门窗宽度，方便后期设计与工程预算。

图 5-2　住宅室内基础平面图绘制步骤二

5.2 平面布置图

平面布置图需要表示设计对象的平面形式、大小尺寸、房间布置、建筑入口、门厅及楼梯布置的情况,要标明墙和柱的位置、厚度和所用材料以及门窗的类型、位置等情况。对于多层设计项目,主要图纸有首层平面图、二层或标准层平面图、顶层平面图、屋顶平面图等。其中,屋顶平面图是在房屋的上方,向下作屋顶外形的水平正投影而得到的平面图。平面布置图基本上是对设计对象进行空间分隔、地面装饰和墙面造型的统领性依据,代表了已取得设计者与投资者确认的基本设计方案,也是其他分项图纸绘制的重要依据。

▶ 5.2.1 识读要点

要绘制完整、精美的平面布置图,就需要大量阅读图纸,通过识读平面布置图来学习绘图方法,平面位置图的主要识读要点如下:

1. 图形的演变

认定其属于何种平面图,了解该图所确定的平面空间范围、主体结构位置、尺寸关系、平面空间的分隔情况等。了解建筑结构的承重情况,对于标有轴线的,应明确结构轴线的位置及其与设计对象的尺寸关系。

2. 熟悉各种图例

阅读图纸的文字说明,明确该平面图所涉及的其他工程项目类别。

3. 分析空间设计

通过对各分隔空间的种类、名称及其使用功能的了解,明确为满足设计功能而配置的设施种类、构造数量和配件规格等,从而与其他图纸相对照,作出必要研究并制订加工及购货计划。

4. 文字标注

通过该平面布置图上的文字标注,确认楼地面及其他可知部位饰面材料的种类、品牌和色彩要求,了解饰面材料间的区域关系、尺寸关系及衔接关系等。

5. 尺寸

对于平面图上纵横交错的尺寸数据,要注意区分建筑尺寸和设计尺寸。在设计尺寸中,要查清其中的定位尺寸、外形尺寸和构造尺寸,由此可确定各种应用材料的规格尺寸、材料之间以及与主体结构之间的连接方法。

(1)定位尺寸是确定装饰面或装修造型在既定空间平面位置的依据,定位尺寸的基准通常是建筑结构面。

(2)外形尺寸即装饰面或设计造型在既定空间平面上的外边缘或外轮廓形状尺寸,其位置尺寸取决于设计划分、造型的平面形态及其同建筑结构之间的位置关系。

(3)构造尺寸是指装饰面或设计造型的组成构件及其相互间的尺寸关系。

6. 符号

通过图纸上的投影符号,明确投影面编号和投影方向,进而顺利查出各投影部位的立面图(投影视图),了解该立面的设计内容。通过图纸上的剖切符号,明确剖切位置及剖切后的投影方向,进而查阅相应的剖面图、构造节点图或大样图,了解该部位的施工方式(图5-3)。

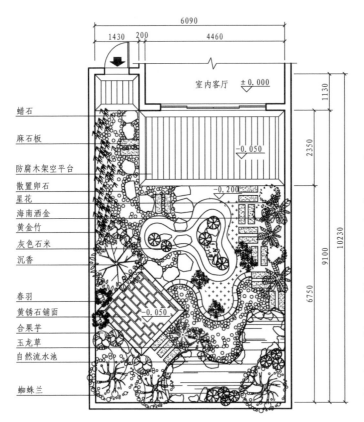

图5-3 庭院平面布置图(1:100)

← 不同设计部位的平面图,设计的侧重点是不一样的。以户外庭院设计为主的平面图,重点在于表现绿化植物与景观道路的分布。多样的绿化植物需要通过不同的图形来表现,如果能通过各种图形来表现,则可以不必再设计图例,但是要配合指引文字来标识。

5.2.2　绘制内容

1. 形状与尺寸

平面布置图需表明设计空间的平面形状和尺寸，建筑物在图中的平面尺寸分3个层次，即工程所涉及的主体结构或建筑空间的外包尺寸、各房间或各种分隔空间的设计平面尺寸、局部细节及工程增设装置的相应设计平面尺寸。

（1）对于较大规模的平面布置图，为了明确与主体结构对照以利于审图和识读，尚需标出建筑物的轴线编号及其尺寸关系，甚至需要标出建筑柱位编号。

（2）平面布置图还应该标明设计项目在建筑空间内的平面位置，以及其与建筑结构的相互尺寸关系，表明设计项目的具体平面轮廓和设计尺寸。

2. 细节图示

平面布置图须表明楼地面装饰材料、拼花图案、装修做法和工艺要求；表明各种设施、设备、固定家具的安装位置；表明设施与建筑结构的相互关系尺寸，并说明其数量、材质和制造工艺（或商用成品）。

3. 设计功能

平面布置图表达的是与该平面图密切相关的各空间立面图的视图投影关系，尤其是视图的位置与编号，各剖面图的剖切位置、详图及通用配件等的位置和编号；需要标明各种房间或装饰分隔空间的平面形式、位置和使用功能，走道、楼梯、防火通道、安全门、防火门或其他流动空间的位置和尺寸，门、窗的位置尺寸和开启方向，台阶、水池、组景、踏步、雨篷、阳台及绿化等设施和装饰小品的平面轮廓与位置尺寸。

5.2.3　绘制平面布置图

平面布置图的绘制基于基础平面图，手工制图可以将基础平面图的框架结构重新描绘一遍，计算机制图可以将基础平面图复制保存即可继续绘制。

1. 修整基础平面图

根据设计要求去除基础平面图上的细节尺寸和标注，对于较简单的设计方案，也可以不绘制基础平面图，直接从平面布置图开始绘制，具体方法与绘制基础平面图相同。此外，要将墙体构造和门、窗的开启方向根据设计要求重新调整，尽量简化图面内容，为后期绘制奠定基础，并对图面作二次核对（图5-4）。

2. 绘制墙体结构与家具

首先要在墙体轮廓上绘制出需要设计的各种装饰形态（即墙体装饰线），如各种凸出或内凹的装饰造型、隔断；然后再绘制家具，家具绘制比较复杂，可以调用、参考各种图库或资料集中所提供的家具模块，尤其是各种时尚家具、电器、设备等最好能直接调用（图5-5）。如果图中有投资方即将购买的成品家具，就可以只绘制外轮廓，并标上文字说明。

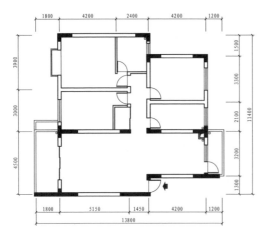

← 剪力墙是建筑的主要承载结构，要区别于其他墙体，应当根据设计填黑。

图 5-4　住宅平面布置图绘制步骤一

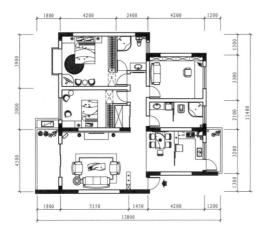

← 家具摆放操作简单，直接从模型图库中复制到图中即可，但是要注意家具尺寸不能随意放大或缩小，要根据实际尺寸来摆放。

图 5-5　住宅平面布置图绘制步骤二

3. 标注与填充

当平面图中主要设计内容都以图样的形式绘制完毕后，就需要在其每个房间中标注文字说明，如空间名称、装饰造型名称、材料名称等（图 5-6）。

（1）空间名称可以标注在图中，其他文字若无法标注，可以通过引线标注在图外，但是要注意排列整齐。

（2）注意标注的文字不宜与图中的主要结构发生矛盾，以免混淆不清。

（3）平面布置图的填充主要针对图面面积较大的设计空间，一般是指地面铺装材料的填充，设计内容较简单的平面布置图可以将家具和造型的布局间隙全部填充，设计内容较复杂的可以局部填充。对于布局设计特别复杂的图纸，则不能填充，以免干扰主要图样，此时就需要另外绘制地面铺装平面图。

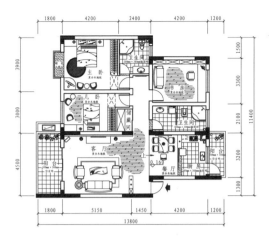

← 在图中标注文字时应当尽量将其摆放在空余的地面中央，如果地面材料填充与文字相互叠加，则一定要以文字优先，让填充图案空出标注文字的空间。在平面布置图中，对地面材料填充并无明确要求，可以不绘制，可在后期地面铺装图中再单独绘制。

图 5-6　住宅平面布置图绘制步骤三（1 ∶ 150）

5.2.4　屋顶花园平面布置图

1. 修整原始平面图

根据设计要求去除原始平面图上的部分细节尺寸和标注，绘制好门、窗与建筑主体，保留中央建筑室内空间的开门方向，绘制线条应当简洁（图 5-7）。

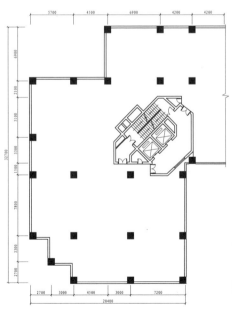

← 首先绘制好建筑中的柱点，再对室内空间的各种结构进行详细绘制，并标注尺寸。

图 5-7　屋顶花园平面布置图绘制步骤一

2. 绘制内部构造

依据设计方案在平面布置图中绘制楼梯台阶、雕塑小品、喷泉、亭子以及其他设施，还需在分区中绘制所需的构造，从图库中导出植物图例，按照设计要求将其放入平面布置图中（图5-8）。在绘制内部构造时，要控制好比例，不可过大，也不可过小，需参考物体的实际比例绘制，同种类别的事物需采用同种图线，所赋予的色彩也需一致。

➡ 平面图中需绘制家具、道路、设施构造与各种绿化植物。

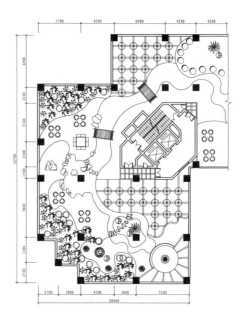

图5-8　屋顶花园平面布置图绘制步骤二

3. 标注与填充

平面布置图的填充标注、填充方式与住宅平面图方式相同，主要针对图面面积较大的空间，一般指地面铺装材料的填充，如填充草坪（图5-9）。

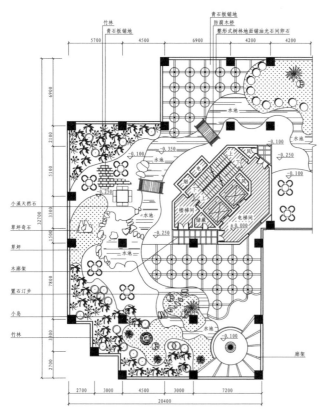

⬅ 标注文字说明，对局部地面材质进行填充，对不需要设计的室内空间可填充斜线阴影，标注其地面高度。

图5-9　屋顶花园平面布置图绘制步骤三（1∶200）

5.3 地面铺装平面图

地面铺装平面图主要用于表现平面图中地面构造设计和材料铺设的细节，一般作为平面布置图的补充，当设计对象的布局形式和地面铺装非常复杂时，就需要单独绘制该图。

地面材料铺装平面图的绘制以平面布置图为基础。首先去除所有可以移动的装饰类造型与家具，如门扇、桌椅、沙发、茶几、电器、设备、饰品等，但必须保留固定件，如隔墙、入墙柜体等，因为这些造型设计表面不需要铺设地面材料，然后给每个空间标注文字说明，环绕着文字来绘制地面铺装材料图样（图5-10）。

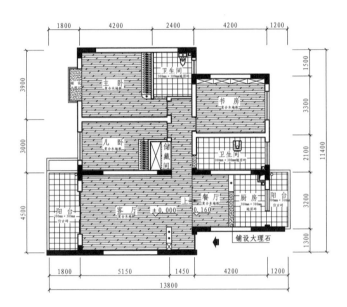

↑ 地面铺装平面图绘制注意事项：填充图案必须与施工现场一致，绘制时要注意填充图案的规格、表面和角度。大面积拼花广场铺装时，应该有具体规格、尺寸、角度、厚度、表面以及铺装的放样；大面积拼花广场的沉降缝也需要明确标明，既要考虑功能，又要考虑与拼花结合的是否美观。

图5-10 住宅地面铺装平面图（1 : 150）

对于不同种类的石材需要有具体文字说明，至于特别复杂的石材拼花图样需要绘制引出符号，在其后的图纸中增加绘制大样图。地面铺装平面图的绘制相对简单，但是一般不可缺少，尤其是酒店、餐厅、广场、公园等公共空间设计需要深入表现（图5-11）。

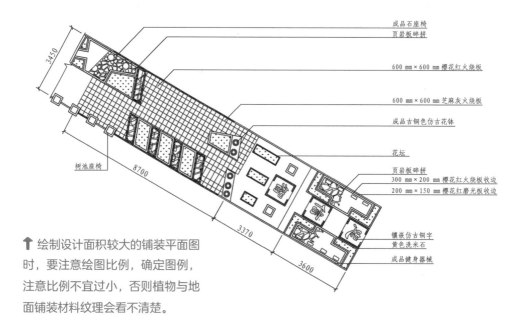

成品石座椅
页岩板碎拼

600 mm × 600 mm 樱花红火烧板

600 mm × 600 mm 芝麻灰火烧板

成品古铜色仿古花钵

花坛

页岩板碎拼
300 mm × 200 mm 樱花红火烧板收边
200 mm × 150 mm 樱花红磨光板收边

镶嵌仿古铜字
黄色洗米石

成品健身器械

树池座椅

↑ 绘制设计面积较大的铺装平面图时，要注意绘图比例，确定图例，注意比例不宜过小，否则植物与地面铺装材料纹理会看不清楚。

图 5-11　景观地面铺装平面图（1 ∶ 150）

✅ 识图与制图补充要点——图库与图集 ✏️

在图纸绘制中，一般需要加入大量的家具、配饰、铺装图案等元素，以求获得完美的图面效果，而临时绘制这类图样会消耗大量的时间和精力。为了提高图纸品质和绘图者的工作效率，可以在日常学习、工作中不断搜集相关图样，将时尚、精致的图样归纳起来，并加以修改，整理成为个人或企业的专用图库，方便随时调用，无论是对于手绘绘制还是对于计算机绘制，这项工作都相当有意义。如果要绘制更高品质的商业图，追求唯美的图面效果，获得投资方青睐，那么就需要通过专业书店或网络购买成品图库与图集，这样使用起来会更加得心应手。

5.4　顶棚平面图

顶棚平面图又称为"天花平面图"，按规范的定义应是以镜像投影法绘制的顶棚平面图，用来表现设计空间顶棚的平面布置状况和构造形态。顶棚平面图一般在平面布置图之后绘制，也属于常规图纸之一，与平面布置图的功能一样，除了反映顶棚设计形式外，也为绘制后期图纸奠定了基础（图5-12）。

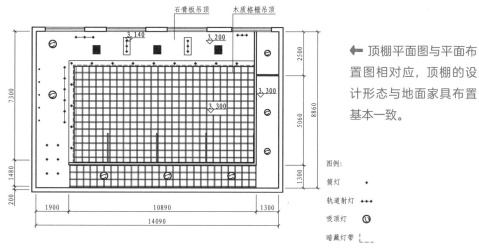

→ 顶棚平面图与平面布置图相对应，顶棚的设计形态与地面家具布置基本一致。

图5-12　咖啡厅顶棚平面图（1∶150）

▶ 5.4.1　识读要点

1. 尺寸构造

通过尺寸构造可以了解既定空间内顶棚的设置类型和尺寸关系，明确平顶处理及悬吊顶棚的分布区域和位置尺寸，了解顶棚设计项目与建筑主体结构的衔接关系。

2. 材料与工艺

熟悉顶棚设计的构造特点、各部位吊顶的龙骨种类、罩面板材质、安装施工方法等。通过查阅相应的剖面图及节点详图，明确主、次龙骨的布置方向和悬吊构造，明确吊顶板的安装方式。如果有需要，还要了解所用龙骨主配件、罩面装饰板、填充材料、增强材料、饰面材料以及连接紧固材料的品种、规格、安装面积、设置数量，以确定加工订制及购货计划。

3. 设备

了解吊顶内的设备、管道和布线情况，明确吊顶标高、造型形式和收边封口处理。通过顶棚其他系统的配套图纸，确定吊顶空间构造层及吊顶面所设音响、空调送风、灯具、烟感器和喷淋等设备的位置，明确隐蔽或明露要求以及各自的安装方法，明确工种分工、工序安排和施工步骤。

▶ 5.4.2 绘制内容

顶棚平面图需要表明顶棚平面形态及其设计构造的布置形式和各部位的尺寸关系，表明顶棚施工所选用的材料种类与规格，表明灯具的种类、布置形式与安装位置，表明空调送风、消防自动报警、喷淋灭火系统以及与吊顶有关的音响等设施的布置形式和安装位置。对于需要另设剖面图或构造详图的顶棚平面图，应当表明剖切位置、剖切符号和剖切面编号。

顶面布置图是指将建筑空间距离地面 1.5 m 的高度水平剖切后向上看到的顶棚布置状态。绘制时可以将平面布置图的基本结构描绘或复制一份，去除中间的家具、构造和地面铺装图形，保留墙体、门窗位置（去除门扇），再在上面继续绘制顶面布置图。

1. 绘制构造与设备

首先，根据设计要求绘制出吊顶造型的形态轮廓，区分不同高度上的吊顶层面; 然后，绘制灯具和各种设备，注意具体位置应该以平面布置图中的功能分区相对应，灯具与设备的样式也可以从图库中调用，尽量具体细致，这样就无须另附图例说明，经过再次核对后才能进行下一步（图 5-13）。

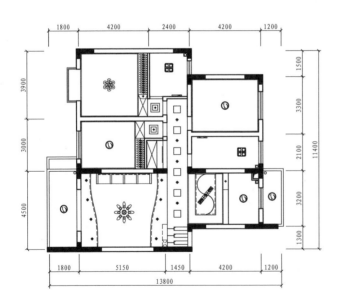

← 顶棚平面图的基础构件是在平面布置图上改进而来的，删除平面布置图中的门窗，将门洞封闭为墙体，但是窗户一般不作变化，因顶棚平面图是从地面起 1.5 m 的高度向上观察的结果。所以，还需绘制吊顶轮廓造型与灯具布置。

图 5-13 住宅顶棚平面图绘制步骤一

2.标注与填充

当主要设计内容都以图样的形式绘制完毕后，需要在其间标注文字说明，这主要包括标高和材料名称。注意标高三角符号的直角端点应放置在被标注的层面上，相距较远或被墙体分隔的相同层面需要再次标注。对于特殊电器、设备，可以采用引线引到图外标注，但是要注意排列整齐，其他要点同平面布置图（图5-14）。

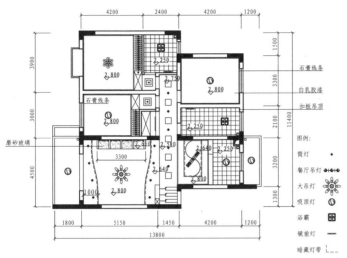

← 标注吊顶高度，在必要的构造上填充图形，以此来表明吊顶材料。当图形密度较大时，文字说明标注在图形以外，用引线连接。

图5-14　住宅顶棚平面图绘制步骤二（1 : 150）

☑ 识图与制图补充要点——设计说明的编写方法 ✎

（1）介绍设计方案。简要说明设计项目的基本情况，如所在地址、建筑面积、周边环境、投资金额、投资方要求、联系方式等，表述这些信息时，措辞不宜过于机械、僵硬。

（2）提出设计创意。设计创意是指空间的布局形式、风格流派，以及设计者的思维模式。提出布局形式能很好地表述空间功能，提出时需要逐个表述空间的形态、功能、装饰手法。

（3）材料配置。提出在该设计项目中运用到的特色材料，说明材料特性、规格、使用方法。

（4）施工组织。阐述各主要构造的施工方法，重点表述近年来较流行的新工艺，提出质量保障措施和施工监理，最好附带施工项目表。

（5）设计者介绍。除了说明企业、设计师和绘图员等基本信息外，还需简要地表明工作态度和决心，以获取投资方更大的信任。

5.5 平面图案例

　　除了上述4种平面图外，在实际工作中，可能还需要细化并增加其他类型的平面图，如结构改造平面图、绿化配置平面图等，其绘制要点和表现方式都要以明确表达设计思想为目的，每一张图纸都要真正展现出自身作用，在实际绘制过程中还可以参考其他同类型的优秀图纸（图5-15～图5-19）。

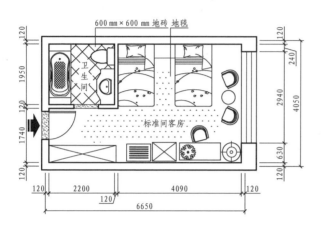

← 最常见的平面图是指平面布置图，如果图纸的幅面够大，那么可以将图纸放大显示并打印输出，这样能在图纸中绘制和注明更多信息，如材质填充与各种文字说明等，保证1～2张图纸也能起到多张图纸的作用。

（a）酒店标准间平面布置图

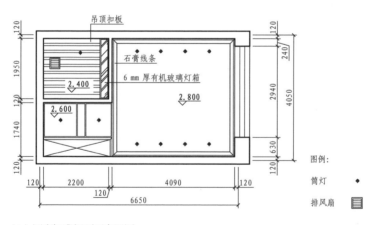

（b）酒店标准间顶面布置图

↑ 顶面布置图是平面图的重要组成部分，与平面布置图搭配，能反映出设计空间的基本面貌，绘制时要将吊顶、灯具等构造设施都绘制出来。在形体结构上要与平面布置图对应。

图5-15　酒店标准间平面图（1：100）

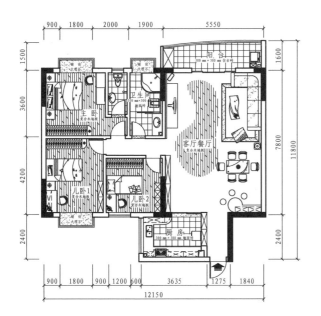

← 客厅餐厅的轮廓造型复杂，家具配置丰富，为了避免地面材料填充图线与家具图线重叠，可对地面区域进行局部填充，表明地面铺装材料存在。

（a）住宅平面布置图

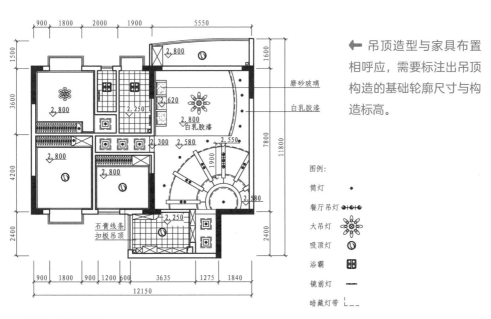

← 吊顶造型与家具布置相呼应，需要标注出吊顶构造的基础轮廓尺寸与构造标高。

图例：

筒灯　　　·

餐厅吊灯

大吊灯

吸顶灯

浴霸

镜前灯

暗藏灯带

（b）住宅顶棚平面图

图 5-16　住宅平面图（1：100）

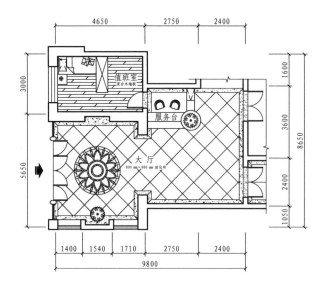

← 地面铺装的砖材与石材拼花应当设计精确，玻化砖的铺贴中缝或交点应与入口大门中轴对齐。石材拼花应当位于区域中央。

（a）酒店大堂平面布置图

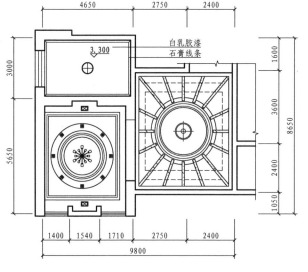

← 放射形吊顶要精确计算角度，让每个放射造型都具有严格的规范感。圆形与方形相结合，形成外方内圆的分区造型，更适合建筑结构与大众审美。

图例：

筒灯 ◆

大吊灯 ⊕

中吊灯 ✳

吸顶灯 ⊕

联组射灯 ⊠

暗藏灯带 ⌐_ _

（b）酒店大堂顶棚平面图

图 5-17　酒店大堂平面图（1∶150）

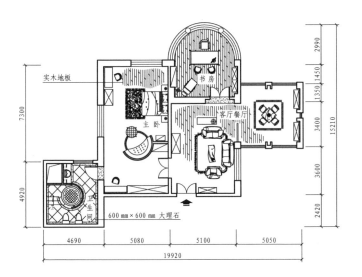

实木地板

7300

主卧

书房

客厅餐厅

卫生间

600 mm × 600 mm 大理石

4690　5080　5100　5050

19920

2990

1450

1350

3400

3600

2420

15210

← 复杂空间的门窗形态丰富，要确定每个门窗的宽度尺寸，据实绘制。家具布置较分散，家具图线可进一步细化。

（a）酒店套房平面布置图

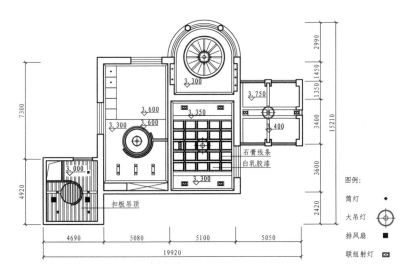

7300

3.300

3.600

3.300　3.600

3.000

扣板吊顶

4690　5080　5100　5050

19920

3.350

3.300

3.750

3.400

石膏线条
白乳胶漆

2990

1450

1350

3400

3600

2420

15210

4920

图例：

筒灯　◆

大吊灯　◎

排风扇　■

联组射灯　▨

（b）酒店套房顶棚平面图

⬆ 顶棚平面图构造复杂，图线选用较细，可省略一些过于精细的构造，根据需要在后续构造详图中绘制。

图 5-18　酒店套房平面图（1 ： 200）

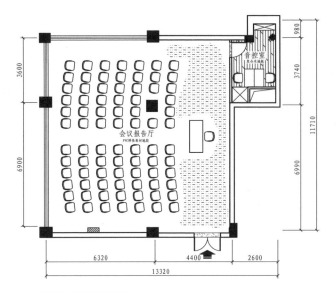

← 略带有弧形的座椅排列，需要细微旋转后摆放。摆放好一组后再进行定位复制，形成整齐的图面效果。

（a）会议中心平面布置图

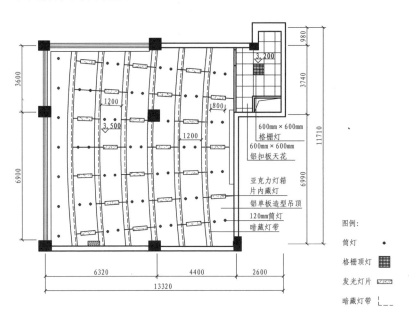

（b）会议中心顶棚平面图

↑ 轻微放射状造型吊顶造型应当均衡，整体造型疏密得当，灯具分布能满足照明需求。由于图面方正，应尽量放大比例，文字标注可以集中布置在图纸的空隙处，满足集中阅读的需要。

图5-19　会议中心平面图（1：150）

第 6 章　给水排水图

识读难度：★ ★ ★ ☆ ☆

核心概念：给水排水图识读、给水排水平面图绘制、管道轴测图

章节导读：给水排水图是装饰装修设计制图中不可或缺的组成部分，通常分为给水排水平面图和管道轴测图两种形式。主要用于表现设计空间中的给水排水管布置、管道型号、配套设施布局、安装方法等内容，使整体设计功能更加齐备，保证后期给水排水施工能顺利进行。在绘制给水排水图之前，首先要先关注一些给水排水的相关资料，如空间的层高、建筑面积、管井位置、房型以及卫生器具的配备数量等，最好整理列表，这样也方便后续计算材料数量。

给水排水图主要表现的是空间中的给水排水管布置、管道型号、配套设施布局以及安装方法等内容，使整体设计功能更加齐备，保证后期给水排水施工能顺利进行。

6.1 国家相关标准

给水排水图具有较高技术含量，是给水排水规范施工的重要依据，需要预先了解国家相关标准，为后期识图与制图打好基础。

▶ 6.1.1 图线和比例

1. 图线

给水排水图的主要绘制对象是管线，因此图线的宽度 b 应根据图纸的类别、比例和复杂的程度，在《房屋建筑制图统一标准》GB/T 50001—2017 所规定的线宽系列 1.4 mm、1.0 mm、0.7 mm、0.5 mm 中选用，宜为 0.7 mm 或 1.0 mm。由于管线复杂，在实线和虚线的粗、中、细三档线型的线宽中又增加了一档中粗线，因而线宽组的线宽比也扩展为粗：中粗：中：细即为 1：0.7：0.5：0.25。

给水排水专业制图常用的各种线型应符合表 6-1 的规定。

表 6-1　图线

名称	图例	线宽	用途
粗实线		b	新设计的各种排水和其他重力流管线
粗虚线		b	新设计的各种排水和其他重力流管线的不可见轮廓线
中粗实线		0.7b	新设计的各种给水和其他压力流管线；原有各种排水和其他重力流管线
中粗虚线		0.7b	新设计的各种给水和其他压力流管线及原有各种排水和其他重力流管线的不可见轮廓线
中实线		0.5b	给水排水设备、零（附）件的可见轮廓线；总图中新建的建筑物和构筑物的可见轮廓线；原有各种给水和其他压力流管线
中虚线		0.5b	给水排水设备、零（附）件的不可见轮廓线；总图中新建的建筑物和构筑物的不可见轮廓线；原有各种给水和其他压力流管线的不可见轮廓线
细实线		0.25b	建筑的可见轮廓线；总图中原有建筑物和构筑物的可见轮廓线；制图中的各种标注线
细虚线		0.25b	建筑的不可见轮廓线；总图中原有建筑物和构筑物的不可见轮廓线
单点长画线		0.25b	中心线、定位轴线
折断线		0.25b	断开界线
波浪线		0.25b	平面图中水面线；局部构造层次范围线；保温范围示意线

2. 比例

给水排水专业制图中平面图常用的比例宜与相应建筑平面图一致，在给水排水轴测图中，如果表达有困难，那么该处可不按比例绘制。

▶ 6.1.2　其他标准

1. 标高

标高符号及一般标注方法应符合《房屋建筑制图统一标准》GB/T 50001—2017 的规定。室内工程应标注相对标高，标注应参考《总图制图标准》GB/T 50103—2010（图6-1、图6-2）。

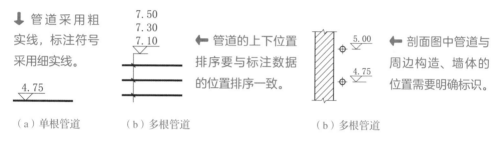

图 6-1　平面图中标高　　　　　　　　　图 6-2　剖面图中标高

压力管道应标注管中心标高；沟渠和重力流管道宜标注沟（管）内底标高。在实际工程中，管道也可以标注相对本层地面的标高，标注方式为 $H + \times$，如 $H + 0.025$。

（1）在沟渠和重力流管道的起始点、转角点、连接点、变坡点、变坡尺寸（管径）点及交叉点处应标注标高；

（2）在压力流管道中的标高控制点处应标注标高；

（3）在管道穿外墙、剪力墙和构筑物的壁及底板等处应标注标高；

（4）在不同水位线处应标注标高；

（5）构筑物和土建部分应标注标高。

2. 管径

管径应该以毫米为单位。水煤气输送钢管（镀锌或非镀锌）、铸铁管等管材，管径宜以公称直径 DN 表示，如 DN20、DN50 等。无缝钢管、焊接钢管（直缝或螺旋缝）、铜管、不锈钢管等管材，管径宜以"外径（D）× 壁厚"来表示，如 $D108 \times 4$、$D159 \times 4.5$ 等（图6-3、图6-4）。

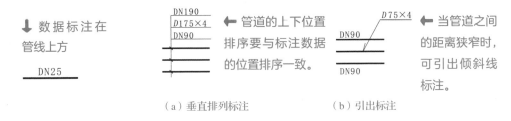

图 6-3　单管管径表示法　　图 6-4　多管管径表示法

　　钢筋混凝土（或混凝土）管、陶土管、耐酸陶瓷管、缸瓦管等管材，管径宜以内径 D 表示，如 $D230$、$D380$ 等。塑料管材，管径宜按产品标准的表示方法表示。当设计均用公称直径 DN 表示管径时，应有公称直径 DN 与相应产品规格对照表。

3. 编号

　　当建筑物的给水引入管或排水排出管的数量超过 1 根时，宜进行编号（图 6-5）；建筑物内穿越楼层的立管，其数量超过 1 根时宜进行编号（图 6-6）。

　　在总平面图中，当给水排水附属构筑物的数量超过 1 个时，宜进行编号。编号方法为：构筑物代号 - 编号。给水构筑物的编号顺序宜为：从水源到干管，再从干管到支管，最后到用户。排水构筑物的编号顺序宜为：从上游到下游，先干管后支管。当给水排水机电设备的数量超过 1 台时，宜进行编号，并应有设备编号与设备名称对照表。

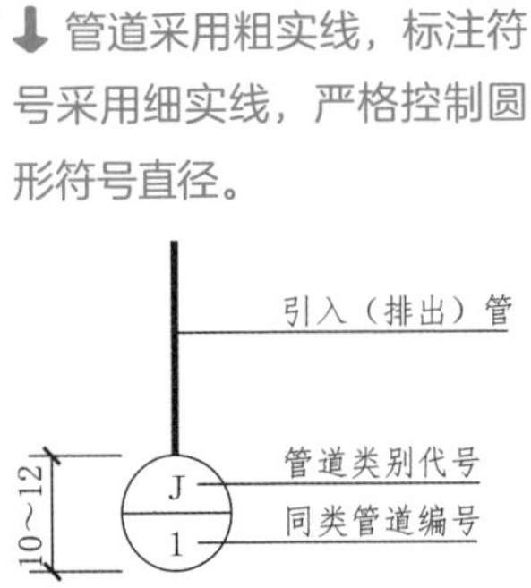

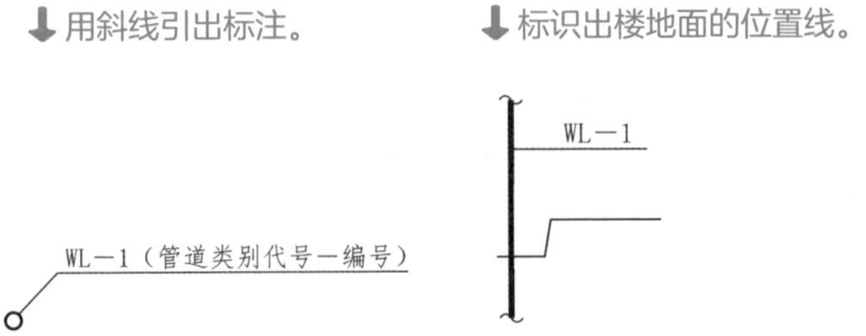

↓ 管道采用粗实线，标注符号采用细实线，严格控制圆形符号直径。

引入（排出）管

管道类别代号
同类管道编号

$10 \sim 12$

↓ 用斜线引出标注。

WL—1（管道类别代号 - 编号）

（a）平面

↓ 标识出楼地面的位置线。

WL—1

（b）剖面图、系统图、轴测图

图 6-5　给水排水管编号表示　　图 6-6　立管编号表示

4. 图例

　　管道是给水排水工程图的主要表达内容，由于这些管道的截面形状变化小，一般细而长，分布范围广，纵横交叉，管道附件众多，因此有它特殊的图示特点。管道类别应以汉语拼音字母表示，绘制和识读时可参考表 6-2。

表 6-2 给水排水图常用图例

序号	名称	图例	备注	序号	名称	图例	备注
1	生活给水管	—— J ——		17	短管		
2	热力给水管	—— RJ ——		18	存水弯		
3	循环冷却给水管	—— XJ ——		19	弯头		
4	废水管	—— F ——	可与中水源水管合用	20	正三通		
5	通气管	—— T ——		21	斜三通		
6	污水管	—— W ——		22	正四通		
7	雨水管	—— Y ——		23	斜四通		
8	保温管			24	闸阀		
9	多孔管			25	角阀		
10	防护管套			26	三通阀		
11	管道立管	XL-1 平面　XL-1 系统	X：管道类别 L：立管 1：编号	27	四通阀		
12	立管检查口			28	截止阀		
13	清扫口	平面　系统		29	电动闸阀		
14	通气帽	成品　蘑菇形		30	电磁阀	M	
15	雨水斗	YD- 平面　YD- 系统		31	浮球阀	平面　系统	
16	排水漏斗	平面　系统		32	延时自闭冲洗阀		

序号	名称	图例	备注	序号	名称	图例	备注
33	圆形地漏	平面　系统		48	放水龙头	平面　系统	
34	方形地漏	平面　系统		49	脚踏开关		
35	自动冲洗水箱			50	消防栓给水管	—— XH ——	
36	法兰连接			51	自动喷水灭火给水管	—— ZP ——	
37	承插连接			52	室内消火栓(单口)	平面　系统	白色为开启面
38	活接头			53	室内消火栓(双口)	平面　系统	
39	管堵			54	自动喷洒头(开式)	平面　系统	
40	法兰堵盖			55	自动喷洒头(闭式)	平面　系统	下喷
41	弯折管		管道向下及向后弯转90°			平面　系统	上喷
42	三通连接					平面　系统	上下喷
43	四通连接			56	雨淋灭火给水管	—— YL ——	
44	盲管			57	水幕灭火给水管	—— SM ——	
45	管道丁字上接			58	洗脸盆	立式　台式　挂式	
46	管道丁字下接			59	浴盆		
47	管道交叉		在下方和后面的管道应断开	60	化验盆、洗涤盆		

识图与制图补充要点——给水排水图审核原则

（1）图纸是否符合国家政策、国家标准、《建筑工程设计文件编制深度规定》，图纸资料是否齐全，能否满足施工需要。

（2）图纸是否合理，有无遗漏，图纸中的标注有无错误，有关管道编号、设备型号是否完整无误，标高、坡度、坐标位置是否正确，材料名称、规格型号、数量是否正确完整。

（3）设计说明与图中的技术要求是否明确，是否符合企业施工技术装备条件。若采用特殊措施，技术上有无困难，能否保证施工质量和施工安全。

（4）设计意图、工程特点、设备设施、控制流程、工艺要求是否明确，是否符合工艺流程和施工工艺要求。

（5）管道安装位置是否美观和使用方便。管道、组件、设备的技术特性，如工作压力、温度、介质是否清楚。

（6）需要采用特殊施工方法、施工手段、施工机具的部位的要求和做法是否明确。有无特殊材料要求，其规格、品种、数量能否满足要求，有无材料代用的可能性。

6.2 给水排水图识读

给水排水图中的管道和设备非常复杂，在识读给水排水图时要注意以下几点：

6.2.1 正确认识图例

给水排水图中的管道及附件、管道连接、阀门、卫生器具、水池、设备及仪表等，都要采用统一的图例表示。在识读图纸时最好能随身携带一份国家标准图例，应用时可以随时查阅该标准。凡在该标准中尚未列入的，可自设图例，但要在图纸上专门画出自设的图例，并加以说明，以免引起误解。

6.2.2 辨清管线流程

给水与排水工程中管道很多，这些管道常被分成给水系统和排水系统，管道按一定的方向通过干管、支管，最后与具体设备相连接。如室内给水系统的流程为：进户管（引入管）→水表→干管→支管→用水设备；室内排水系统的流程为：排水设备→支管→干管→户外排出管。常用 J 作为给水系统和给水管的代号，用 F 作为废水系统和废水管的代号，用 W 作为污水系统和污水管的代号，现代住宅、商业和办公空间的排水管道基本都以 W 作为统一标识。

▶ 6.2.3 对照轴测图

由于给水排水管道在平面图上较难表明它们的空间走向，所以在给水排水图中，一般都用轴测图直观地画出管道系统，称为"系统轴测图"，简称"轴测图"或"系统图"。阅读图纸时，应将轴测图和平面图对照识读。轴测图能从空间上展示管线的走向，表现效果更直观。

▶ 6.2.4 配合原始建筑图

由于给水排水图中管道设备的安装，需与土建施工密切配合，所以给水排水施工图也应与土建施工图（包括建筑施工图和结构施工图）密切配合，尤其是给水排水图在留洞、预埋件、管沟等方面对土建的要求，需在图纸上标明。

6.3 给水排水平面图

给水排水平面图主要反映管道系统各组成部分的平面位置，因此，其设计空间轮廓线应与设计平面图或基础平面图一致，一般只要抄绘墙身、柱、门窗洞、楼梯等主要构配件即可，至于细部、门窗代号等均可略去。

▶ 6.3.1 绘制要点

1. 抄绘产品构造

底层平面图（即 ±0.000 标高层平面图）应在右上方绘出指北针，卫生设备和附件中有一部分是工业产品，如洗脸盆、大便器、小便器、地漏等，只表示出它们的类型和位置即可；另一部分是在后期施工中需要现场制作的，如厨房中的水池（洗涤盆）、卫生间中的大小便器等，这部分图形由建筑设计人员绘制，在给水排水平面图中仅需抄绘其主要轮廓即可。

2. 标注管径

给水排水管道应包括立管、干管、支管，要注出管径，底层给水排水平面图中还有给水引入管和废水、污水排出管。

3. 按系统编号

为了便于读图，底层给水排水平面图中的各种管道要按系统编号，系统的划分视具体情况而定，一般给水管以每一引入管为一个系统，污水、废水管以每一个承接排水管为一个系统。

4. 统一图例

图中的图例应采用标准图例，自行增加的标准中未列的图例，应附图例说明，但为了使施工人员便于阅读图纸，无论是否采用标准图例，最好都能附上各种管道及卫生设备等的图例，并对施工要求和有关材料等内容用文字加以说明，通常将图例和施工说明都附在底层给水排水平面图中。

▶ 6.3.2 绘制步骤

绘制给水排水平面图时要注重图纸的表意功能，具体绘制方法可以分为3个步骤。

1. 抄绘基础平面图

（1）先抄绘基础平面图中的墙体与门窗位置等固定构造形态，再绘制现有的给水排水立管和卫生设备的位置。

（2）根据图纸的复杂程度选用合适比例，一般采用与平面图相同的比例，由于平面布局不是该图的主要内容，所以墙、柱、门窗等都用细实线表示。抄绘建筑平面图的数量，建议依照卫生设备和给水排水管道的具体状况来确定。

（3）对于多层建筑，由于底层室内管道需与室外管道相连，必须单独画出一个完整的平面图。其他楼层的平面图只抄绘与卫生设备和管道布置有关的部分即可，但是还应分层抄绘。

（4）抄绘时如果楼层的卫生设备和管道布置完全相同，那么也可以只画一个平面图，但必须在图中注明各楼层的层次和标高。

（5）设有屋顶水箱的楼层可以单独画出屋顶给水排水平面图，当管道布置不太复杂时，也可在最高楼层给水排水平面图中用中虚线画出水箱的位置。

（6）各类卫生设备一般需按国家标准图例绘制，用中实线画出其平面图形的外轮廓。对于非标准设计的设施和器具，则应在建筑施工图中另附详图，这里就不必详细画出其形状。

（7）如果在施工或安装时有需要，那么可注出它们的定位尺寸。图6-7中的卫生设备，如洗脸盆、浴盆、坐便器等，都采用的是定型产品，按相关图集安装即可。

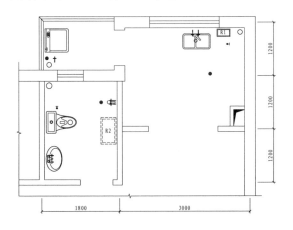

← 抄绘或复制的图纸应当将墙体、门窗等构造的线条改为细实线，细实线仅仅是反映位置的存在，线条的粗细要与后期绘制的管道线条区分开。用水点与排水点所在位置要精准，要与用水洁具保持一致，如果热水器安装高度在1.5 m以上，那么需用虚线表示。

图6-7　住宅厨房、卫生间给水排水平面图绘制步骤一

2. 设计管道

当所有卫生设备和给水排水立管绘制完毕后就可以绘制连接管线了，管线的绘制顺序是先连接给水管，再连接排水管，管线连接尽量简洁，避免交叉过多、转角过多，尽量缩短管线长度。

（1）管线应采用汉语拼音字母来表示管道类别，此外，还可以使用不同线形来区分，这对较简单的给水排水图比较适用，如用中粗实线表示冷给水管，用中粗虚线表示热给水管，用粗单点画线表示污水管，等等。

（2）凡是连接某楼层卫生设备的管道，无论是安装在楼板上，还是楼板下，都可以画在该楼层平面图中；无论管道投影是否可见，都按原线型表示。

（3）给水排水平面图按投影关系仅表示了管道的平面布置和走向，对管道的空间位置表达得不够明显，所以还必须另外绘制管道的系统轴测图。

（4）管道的长度是在施工安装时，根据设备间的距离，直接测量截割的，所以在图中不必标注管长（图6-8）。

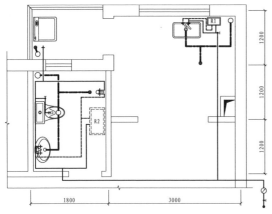

← 连接管线应当横平竖直，减少转角与交叉，实际施工状态与设计施工图中的高度应当保持一致。

图6-8 住宅厨房、卫生间给水排水平面图绘制步骤二

3. 标注与图例

（1）绘制完连接管线后要标注相关的文字和尺寸，注意检查、核对，发现错误与不合理部位要及时更正。

（2）给水排水管，包括低压流体输送用的镀锌焊接钢管、不涂锌焊接钢管、铸铁管等，其管径尺寸应以毫米为单位，以公称直径DN表示，如DN15、DN50等，一般标注在该管段的旁边，位置不够时，也可用引出线引出标注。

（3）一般先标注立管，再标注横管；先标注数字和字母，再标注汉字标题。

（4）绘制图例要完整，图例大小一般与平面图一致，对于过大或过小的构件可以适当扩减，标注完成后再重新检查一遍，纠正错误（图6-9）。

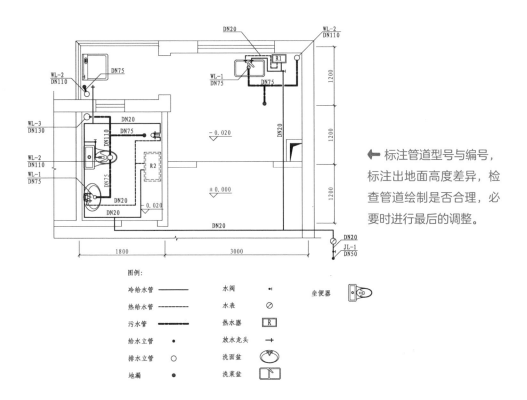

← 标注管道型号与编号，标注出地面高度差异，检查管道绘制是否合理，必要时进行最后的调整。

图6-9　住宅厨房、卫生间给水排水平面图绘制步骤三（1：50）

6.4　管道轴测图

管道轴测图上需要表示出各管段的管径、坡度、标高及附件在管道上的位置，因此其又称为"给水排水系统轴测图"，一般采用与给水排水平面图相同的比例。

管道轴测图能在给水排水平面图的基础上进一步深入表现管道的空间布置情况，在绘制管道轴测图之前需要先绘制给水排水平面图（图6-10），再根据管道布置形式绘制管道轴测图。

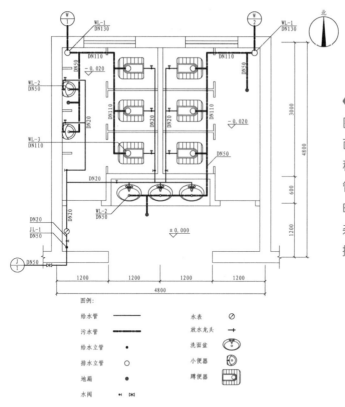

要绘制给水排水轴测图，就要先绘制给水排水平面图，详细表述图纸中的各种管道。对于简单空间中的管道，可以将给水排水管同时绘制在平面图中；对于复杂空间中的管道，给水管与排水管要分开绘制。

图例：

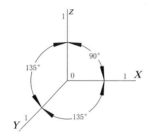

给水管	——————	水表	∅
污水管	▬▬▬▬	放水龙头	➝
给水立管	●	洗面盆	⬭
排水立管	○	小便器	▯
地漏	⦿	蹲便器	▭
水阀	⊷ ◁▷		

图 6-10　公共卫生间给水排水平面图（1∶50）

▶ 6.4.1　正面斜轴测图

在绘图时，按轴向量取长度较为方便，国家标准规定，给水排水轴测图一般按 45° 正面斜轴测投影法绘制，其轴间角和轴向伸缩系数也应按照图 6-11 的规定来设定。

由于管道轴测图通常采用与给水排水平面图相同的比例，沿坐标轴 X、Y 方向的管道，不仅与相应的轴测轴平行，而且可从给水排水平面图中量取长度，则平行于坐标轴 Z 方向的管道，也应与轴测轴 OZ 相平行，且可按实际高度以相同的比例作出。凡不平行于坐标轴方向的管道，可通过作平行于坐标轴的辅助线，从而确定管道的两端点而连成。

横向为 X，纵向为 Y，高度为 Z。横向与纵向的空间关系为二维空间关系，此图表现平面二维方向中的 Y 轴应与 X 轴成夹角为 135°。

图 6-11　给水排水管道轴测图所用的正面斜等测

6.4.2　管道绘制

（1）管道绘制一般按给水排水平面图中通过进出口编号已分好的系统，分别绘制出各管道系统的轴测图，这样可避免过多的管道重叠和交叉。

（2）为了与平面图相呼应，每个管道的轴测图都应该编号，且编号应与底层给水排水平面图中管道进出口的编号相一致。

（3）给水、废水、污水轴测图中的管道可以都用粗实线表示，其他的图例和线宽仍按原规定。

（4）在轴测图中不必画出管件的接头形式，管道系统中的配水器如水表、截止阀、放水龙头等，可用图例画出，但不必每层都画，相同布置的各层，可只将其中的一层画完整，其他各层只需在立管分支处用折断线表示。

（5）在排水轴测图中，可以用相应图例画出卫生设备上的存水弯、地漏或检查口等，排水横管虽有坡度，但是由于比例较小，故可画成水平管道。由于所有卫生设备或配水器具已在给水排水平面图中表达清楚，故在排水管道轴测图中不必再画出。

（6）轴测图中还要画出被管道穿越的墙、地面、楼面、屋面的位置，一般用细实线画出地面和墙面，并加轴测图中的材料图例线，用一条水平细实线画出楼面和屋面。

（7）对于水箱等大型设备，为了便于与各种管道连接，可用细实线画出其主要外形轮廓的轴测图。

（8）当管道在系统图中交叉时，应在鉴别其可见性后，在交叉处将可见的管道画成连续的，而将不可见的管道画成断开的。

（9）当在同一系统中的管道因互相重叠和交叉而影响轴测图的清晰度时，可将一部分管道平移至空白位置画出，称为"移置画法"。

6.4.3　管道标注

（1）管道的管径一般标注在该管段旁边，标注空间不够时，可用指引线引出标注，室内给水排水管道标注公称直径 DN。

（2）管道各管段的管径要逐段标注，当不连续的几段管径都相同时，可以仅标注它的始段和末段，中间段可以省略不标注。

（3）管道轴测图中标注的标高是相对标高，即以底层室内主要地面为 ±0.000。在给水轴测图中，标高以管中心为准，一般要注出引入管、横管、阀门及放水龙头，卫生设备的连接支管，各层楼地面及屋面，与水箱连接的各管道，以及水箱的顶面和底面等构造的标高。

（4）在排水轴测图中，横管的标高以管内底为准，一般应标注立管上的通气帽、检查口、排出管的起点标高。其他排水横管的标高，一般根据卫生设备的安装高度和管件的尺寸，由施工人员决定。此外，还要标注各层楼地面及屋面的标高。

（5）凡有坡度的横管（主要是排水管），都要在管道旁边或引出线上标注坡度，当排水横管采用标准坡度时，图中可省略不标注，但需在施工图的说明中写明（图6-12、图6-13）。

绘制给水排水图需要认真思考，制图时要多想少画，完成后要反复检查，严格按国家标准图例规范制图。

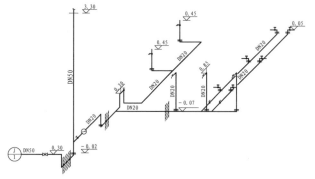

← 轴测图的倾斜方向一般没有要求，可以习惯性地向右上方倾斜，管道长度与间距虽然不必标注，但是仍要按实际尺寸绘制，每一段管道均要标注管道直径，倾斜管道上的文字一般也要倾斜标注。

图6-12　公共卫生间给水轴测图（1∶50）

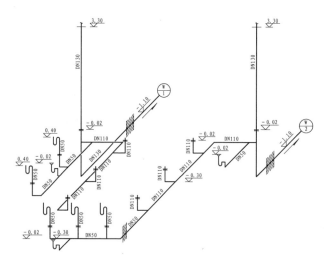

← 给水与排水的轴测图不要混合在一起，应当分开独立绘制，两种图的绘制细节虽基本一致，但是要注意的是排水管道中没有较大水压，平行管道应当具备不低于2%的坡度，这一点应当在图上用箭头与地面标高来表现。

图6-13　公共卫生间排水轴测图（1∶50）

110

6.5 给水排水图案例

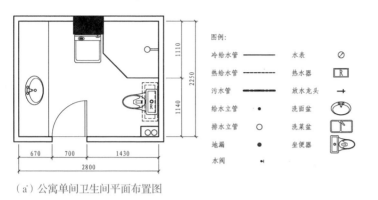

（a）公寓单间卫生间平面布置图

平面布置图是绘制给水排水图的基础，必须先画好平面图，在基础布局完善后再布置给水排水管道。平面布置图要附带图例，为后续给水排水图识读指引到位。

给水平面图中的管道布局尽量简洁，减少管道的交错与长度，节省管道用量，能保证水压供给。

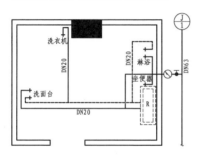 

（b）公寓单间卫生间给水平面图　　（c）公寓单间卫生间排水平面图

排水管道可倾斜布置，以保证排水通畅，排水管的布置逻辑是由分支排水管先后集中至主排水管上，最后统一连通至排水立管。

给水轴测图中要标识出用水设备与地面高度，表明安装位置与空间逻辑关系。

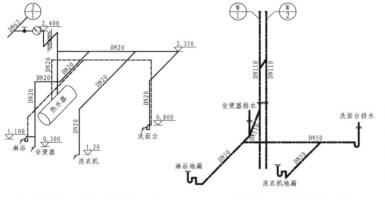

（d）公寓单间卫生间给水轴测图　　（e）公寓单间卫生间排水轴测图

排水轴测图要标注出主要立管位置，以及管道与楼板之间的关系。

图6-14　公寓单间卫生间给水排水图（1：50）

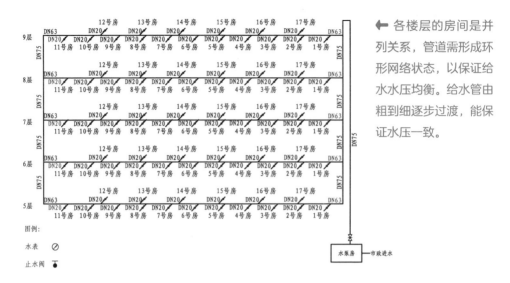

← 各楼层的房间是并
列关系，管道需形成环
形网络状态，以保证给
水水压均衡。给水管由
粗到细逐步过渡，能保
证水压一致。

（a）公寓楼卫生间给水轴测图

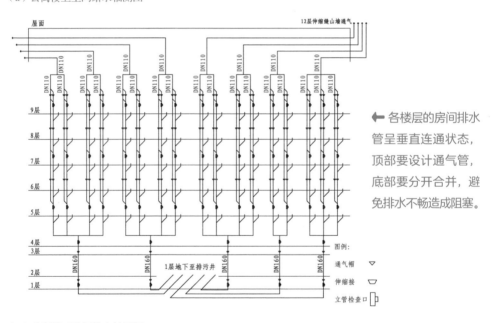

← 各楼层的房间排水
管呈垂直连通状态，
顶部要设计通气管，
底部要分开合并，避
免排水不畅造成阻塞。

（b）公寓楼卫生间排水轴测图

图6-15　公寓楼卫生间给水排水图（1∶150）

第 7 章　电气图

识读难度： ★ ★ ★ ☆ ☆

核心概念： 电气、强电、弱电

章节导读： 电气图是一种特殊的专业技术图，涉及专业、门类较多，能被各行各业广泛采用。装修设计电气图通常分为强电图和弱电图两大类。这些电气图一般都包括电气平面图、配电系统图、电路图、设备布置图、综合布线图、图例、设备材料明细表等几种，其中需要在设计中明确表现电气平面图和配电系统图。在绘制电气图时要特别严谨，与绘制其他图纸相比，思维需更敏锐、更全面。

在绘制电气图之前，需要对电路布局有一个大致的设想，对电路中可能会运用到的各项电气设备也要有基本了解。绘制之前一定要做好充足的准备，这样绘制电气图时才能胸有成竹，不会出现错误。

7.1 国家相关标准

电气图一般都包括电气平面图、配电系统图、电路图、设备布置图、图例、设备材料明细表等，绘制电气图时需特别严谨，具体制图标准可参考《水电工程制图标准 第5 部分：电气》NB/T 10883.5—2022 和《电气简图用图形符号 第 11 部分：建筑安装平面布置图》GB/T 4728.11—2022。

7.1.1 常用表示方法

电气图中各组件常用的表示方法很多，有多线表示法、单线表示法、连接表示法、半连接表示法、不连接表示法和组合线表示法等。根据图纸的用途、图面布置、表达内容、功能关系等，选用其中一种表示法，也可将几种表示法结合运用。具体使用线型可参考表 7-1。

表 7-1 图线

名称	图例	线宽	用途
中粗实线	——————————	0.7b	基本线、轮廓线、导线、一次线路、主要线路的可见轮廓线
中粗虚线	— — — — — —	0.7b	基本线、轮廓线、导线、一次线路、主要线路的不可见轮廓线
细实线	——————————	0.25b	二次线路、一般线路、建筑物与构筑物的可见轮廓线
细虚线	— — — — — —	0.25b	二次线路、一般线路、建筑物与构筑物的不可见轮廓线、屏蔽线、辅助线
单点长画线	— · — · — · —	0.25b	控制线、分界线、功能图框线、分组图框线等
双点长画线	— ·· — ·· — ·· —	0.25b	辅助图框线、36 V 以下线路等
折断线	—————⌁—————	0.25b	断开界线

1. 多线表示法

多线表示法是指各元件之间的连线按照导线的实际走向逐根分别画出（图7-1）。

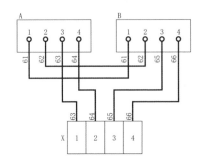

← 多线表示法适用于距离较近的空间或构造，多采用直线连接，尽量减少转折，线路交错时，两端要标注编号。

图 7-1 多线表示法

2. 单线表示法

单线表示法是指各元件之间走向一致的连接导线用一条线表示，而在线条上画上若干短斜线表示根数，或者在一根短斜线旁标注数字表示导线根数（一般用于导线数为3根以上的情况），即图上的一根线实际代表一束线。某些导线走向不完全相同，但在某段上相同、平行的连接线也可以合并成一条线，在走向变化时，再逐条分出去，以使图面保持清晰，还可以对单线表示法的线条进行编号（图7-2）。

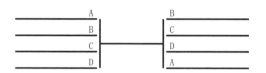

← 单线表示法适用于距离较远的空间或构造，常用于轴测图或系统图，采用直线连接，尽量减少转折，两端要标注编号。

图 7-2　单线表示法

3. 组合线表示法

组合线表示法是指在同一图样中，必要时可以将多线表示法和单线表示法组合起来使用，在复杂连接的地方使用多线表示法，在比较简单的地方使用单线表示法。线路的去向可以用斜线表示，以方便识别导线的汇入与离开线束的方向（图7-3）。

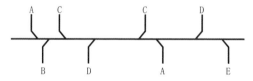

← 组合线表示法适用于复杂的并线构造，常用于桥架电路构造，采用直线和折线连接，尽量减少转折，两端要标注编号。

图 7-3　组合线表示法

4. 指引线标注

指引线标注所用的指引线一般为细实线。在电气施工图中，为了标记和注释图样中的某些内容，需要用指引线在旁边标注简短的文字说明，指引线指向被注释的部位。指向轮廓线内的指引线，线端以圆点表示［图7-4（a）］；指向轮廓线上的指引线，线端以箭头表示［图7-4（b）］；指向电路线上的指引线，线端以短斜线表示［图7-4（c）］。

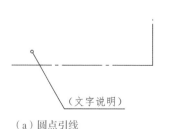

（a）圆点引线

↑ 圆点为空心造型，引出线标注文字说明。

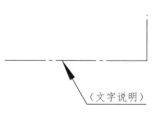

（b）箭头引线

↑ 箭头为黑色填涂三角造型，引出线标注文字说明。

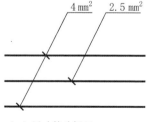

（c）尺寸箭头标记

↑ 电线粗细规格采用尺寸箭头引出标记。

图 7-4　指引线标注法

7.1.2 电气简图

电气图中，应尽量减少导线、信号通路、连接线等图线的交叉、转折，电路可水平布置也可垂直布置。电路或元件宜按功能布置，尽可能按工作顺序从左到右、从上到下排列，连接线不应穿过其他连接点，连接线之间不应在交叉处改变方向。在电气图中可用点画线图框标示出图表的功能单元、结构单元或项目组（如继电器装置），图框的形状可以是不规则的。当围框内含有不属于该单元的元件符号时，需对这些符号用双点画线围框，并加注代号或注解。

照明灯具及其控制系统，如开关、灯具等是最常见的设备，绘制时需要厘清连接顺序（图7-5）。

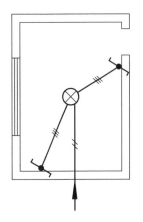 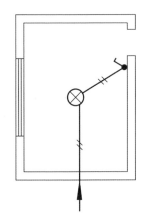 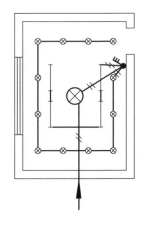

（a）双控双开　　　　　　　（b）单控单开　　　　　　　（c）单控三开

⬆ 两个开关控制一盏灯。为了使用方便，两只双控开关在两处控制一盏灯也比较常见，通常用于面积较大或楼梯等空间，便于从两处位置进行控制。

⬆ 一个开关控制一盏灯。通常最简单的照明布置，是在一个空间内设置一盏照明灯，由一只开关控制即可满足需要。

⬆ 多个开关控制多盏灯。很多复杂环境的照明需要不同的照度和照明类型，因此需要设置不同数量的灯具形式，用多个开关控制多盏不同类型和数量的灯。

图7-5　开关控制连接简图

▶ 7.1.3　标注与标高

1. 标注

当符号用连接表示法和半连接表示法表示时，项目代号只在符号旁标一次，并与设备连接对齐；当符号用不连接表示法表示时，项目代号在每一项目符号旁标出；当电路水平布置时，项目代号一般标注在符号的上方；当电路垂直布置时，项目代号一般标注在符号的左方。

2. 标高

在电气图中，线路和电气设备的安装高度需要标注标高，通常采用与建筑施工图相统一的相对标高，或者相对本楼层地面的相对标高。如某设计项目的电气施工图中标注的总电源进线安装高度为 5.0 m，是指相对建筑基准标高 ±0.000 的高度，而内部某插座安装高度是 0.4 m，则是指相对本楼层地面的高度，一般表示为 $n\mathrm{F} + 0.4\,\mathrm{m}$。

▶ 7.1.4　图形符号

图形符号一般分为限定符号、一般符号、方框符号等，限定符号不能单独使用，必须同其他符号组合使用，构成完整的图形符号。

在不改变符号含义的前提下，可根据图面布置的需要旋转符号，但文字应水平书写，图形符号可根据需要缩放。当一个符号用以限定另一符号时，该符号一般缩小绘制，符号缩放时，各符号间及符号本身的比例应保持不变。有些图形符号具有几种图形形式，使用时应优先采用"优选形"。

在同一设计项目中，只能选用同一种图形形式，图形符号的大小和线条的粗细均要求基本一致，图形符号中的文字符号、物理量符号等，应视为图形符号的组成部分。同一图形符号表示的器件，当其用途或材料不同时，应在图形符号的右下角用大写英文名称的字头表示其区别。对于国家标准中没有的图形符号可以根据需要创建，但是要在图纸中标明图例供查阅，且不得与国家标准相矛盾，具体图形符号可参考表 7-2。

表 7-2　电气图常用图例

序号	名称	图例	备注	序号	名称	图例	备注
1	屏、台、箱、柜		一般符号	16	投光灯		
2	照明配电箱（屏）		必要时可涂红、需要时符号内可标示电流种类	17	聚光灯		
3	动力照明配电箱						
4	多种电源配电箱			18	泛光灯		
5	电能表	Wh	测量单相传输能量	19	荧光灯	单管　三管 5　五管　防爆	
6	灯		一般符号	20	应急灯		自带电源
7	电铃			21	火灾报警控制器	B	
8	电警笛报警器			22	烟感火灾探测器		点式
9	单相插座	明装　暗装 密闭防水　防爆		23	温感火灾探测器	W	点式
10	带保护触点插座、带接地插孔的单相插座	明装　暗装 密闭防水　防爆		24	火灾报警按钮		
11	带接地插孔的三相插座	明装　暗装 密闭防水　防爆		25	气体火灾探测器		
12	插座箱			26	火焰探测器		
13	带单极开关的插座			27	火警电铃		
14	单极开关	明装　暗装 密闭防水　防爆		28	火警电话		
15	双极开关	明装　暗装 密闭防水　防爆		29	火灾警报器		

序号	名称	图例	备注	序号	名称	图例	备注
30	三极开关	明装 暗装 密闭防水 防爆		37	消防喷淋器		
31	声控开关			38	摄像机	普通 球形 带防护罩	
32	光控开关	TS		39	电信插座		
33	单极限时开关	t		40	带滑动防护板插座		
34	双控开关		单极三线	41	多个插座	3	表示三个插座
35	具有指示灯的开关		用于不同照度	42	配线	向上 向下 上下	
36	多拉开关			43	导线数量	三根 N 根	

✅ 识图与制图补充要点——其他种类电气图 🖉

（1）电路图，是用来表示电气设备、电器元件和线路的安装位置、接线方法、配线场所的一种图。一般电路图包括两种，一种是属于电气安装施工中的强电部分，主要表达和指导安装各种照明灯具、用电设施的线路敷设等的安装图样。另一种电路图是属于电气安装施工中的弱电部分，是表示和指导安装各种电子装置与家用电器设备的安装线路和线路板等电子元器件规格的图样。

（2）设备布置图，是按照正投影原理绘制的，用以表现各种电器设备和器件在设计空间中的位置、安装方式及其相互关系的图样。通常由水平投影图、侧立面图、剖面图及各种构件详图等组成。例如灯位图就是一种设备布置图。为了不使工程的结构施工与电气安装施工产生矛盾，灯位图使用较广泛。灯位图在表明灯具的种类、规格、安装位置和安装技术要求的同时，还详细地画出了部分建筑结构。这种图无论是对电气安装工人，还是对结构制作的施工人员，都有很大的帮助。

（3）安装详图，是表现电气工程中设备的某一部分的具体安装要求和做法的图样。已有专门的安装设备标准图集可供选用。

7.2 电气图识读

电气图识读要从线路走向开始，同步识读标识的数据与文字，识读的同时在头脑中建立起完整的立体空间。

▶ 7.2.1 电气线路组成

电气线路主要由下面几部分组成：

1. 进户线

进户线通常是由供电部门的架空线路引进建筑物中，如果是楼房，线路一般是进入楼房的二层配电箱前的一段导线。

2. 配电箱

进户线首先接入总配电箱，然后再根据需要分别接入各个分配电箱。配电箱是电气照明工程中的主要设备之一，现代城市多数用暗装（嵌入式）的方式对其进行安装，只需绘出电气系统图即可。

3. 照明电气线路

照明电气线路主要分为明敷设和暗敷设两种施工方式，暗敷设是指在墙体内和吊顶棚内采用线管配线的敷设方法进行线路安装。线管配线就是将绝缘导线穿在线管内的一种配线方式，常用的线管有薄壁钢管、硬塑料管、金属软管、塑料软管等。在有易燃材料的线路敷设部位必须标注焊接要求，以避免产生打火点。

4. 空气开关

为了保证用电安全，应根据负荷选定额定电压和额定电流都匹配的空气开关。

5. 灯具

在一般设计项目中常用的灯具有吊灯、吸顶灯、壁灯、荧光灯、射灯等。在图样上以图形符号或旁标文字表示，进一步说明灯具的名称、功能。

6. 电气元件与用电器

电气元件主要是各类开关、插座和电子装置等。插座主要是用来插接各种移动电器和家用电器设备的，应明确开关、插座是明装还是暗装，以及它们的型号。各种电子装置和元器件则要注意它们的耐压和极性。其他用电器主要有电风扇、空调器等。

▶ 7.2.2 识读要点

电气图主要表达各种线路敷设安装、电气设备和电气元件的基本布局状况，因此要采用各种专业图形符号、文字符号和项目代号来表示。电气系统和电气装置主要是由电气元件和电气连接线构成的，所以电气元件和电气连接线是电气图表达的主要内容。

装饰装修施工中的电气设备和线路是在简化的建筑结构施工图上绘制的，因此阅读时应掌握正确的看图方法，了解国家相关建筑标准，掌握一些常用的电气工程技术，同时还要结合其他施工图，只有这样才能较快地读懂电气图。

1. 熟悉工程概况

电气图表达的对象是各种设备的供电线路。

（1）看电气照明工程图时，要先了解设计对象的结构，如楼板、墙面、材料结构、门窗位置、房间布置等。

（2）识读时重点掌握配电箱型号、数量、安装位置、标高以及配电箱的电气系统。

（3）了解各类线路的配线方式，敷设位置，线路的走向，导线的型号、规格及根数，以及导线的连接方法。

（4）确定灯具、开关、插座和其他电器的类型、功率、安装方式、位置、标高、控制方式等信息，在识读电气照明工程图时要熟悉相关的技术资料和施工验收规范。

（5）如果在平面图中，开关、插座等电气组件的安装高度在图上没有标出，那么施工者可以依据施工及验收规范进行安装，例如，开关组件一般在距地面 1300 mm、距门框 150 ～ 200 mm 的位置。

2. 常用照明线路分析

在大多数工程实践中，灯具和插座一般都是以并连的方式接于电源进线的两端，火线必须经过开关后再进入灯座，零线直接进灯座，保护接地线与灯具的金属外壳相连接。

（1）通常在一个设计空间内，会有很多灯具和插座，目前广泛使用的是线管配线、塑料护套线配线的安装方式，线管内不允许有接头，导线的分路接头只能在开关盒、灯头盒、接线盒中引出，这种接线法称为"共头接线法"。

（2）当灯具和开关的位置改变、进线方向改变、并头的位置改变时，都会使导线的根数变化，所以必须了解导线根数变化的规律，掌握照明灯具、开关、插座、线路敷设的具体位置和安装方式。

3. 结合多种图纸识读

识读电气图时要结合各种图样，并注意一定的顺序。

（1）看图顺序是：施工说明→图例→设备材料明细表→系统图→平面图→线路和电气原理图，从施工说明了解工程概况，从其他部分了解图样所用的图形符号、该工程所需的设备、材料的型号、规格和数量。

（2）电气施工需与土建、给水排水、供暖通风等工程配合进行，如电气设备的安装位置与建筑物的墙体结构、梁、柱、门窗及楼板材料有关，尤其是暗敷线路的敷设还会与其他工程管道的规格、用途、走向产生制约关系，在看图时还必须查看土建图和其他工程图。

（3）读图时要将平面图和系统图相结合，照明平面图能清楚地表现灯具、开关、插座和线路的具体位置及安装方法，但同一方向的导线只用一根线表示，这时要结合系统图来分析其连接关系，逐步掌握接线原理并找出接线位置，这样在施工中穿线、并头、接线就不容易搞错了。

（4）在实际施工中，重点是掌握原理接线图，不论灯具、开关如何变动位置，原理接线图始终不变。所以一定要理解原理接线图，以便能看懂任何复杂的配电系统图了（图7-6）。

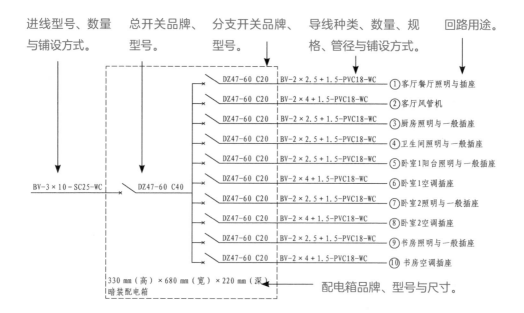

图7-6　配电系统图

↑ BV表示铜芯线，3×10表示3根截面积为10 mm² 的电线进入室内，即火线、零线、地线。SC25表示采用直径25 mm 的金属穿线管。WC表示埋入墙体或地面中暗铺。DZ47 – 60表示总开关的品牌型号，不同厂家的产品代码均不同。C40表示该开关的最大承载电流为40A。2×2.5 + 1.5表示2根截面积为2.5 mm² 的电线，即火线、零线，外加1根截面积为1.5 mm² 的电线，即地线。PVC18表示采用直径18 mm 的聚氯乙烯穿线管。回路用途是指该电线布设后所用部位或空间。

7.3　强弱电图绘制方法

强电图和弱电图是电气图中比较重要的一部分，绘制时要明确强、弱电所对应的对象，并分类绘制。

▶ 7.3.1　强电图

绘制强电平面图前要明确空间电路使用功率，主要根据前期绘制完成的平面布置图（图7-7）和顶棚平面图来确定。

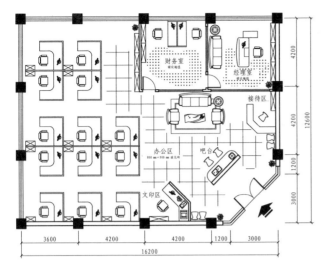

← 绘制电路图之前需要有完整的平面布置图，图中需要绘制出隔墙、家具、设备等位置，这些都是用电位置的准确体现。

图 7-7　办公空间平面布置图（1∶150）

　　下面就列举一个办公空间强电图的绘制方法。

　　（1）描绘出平面布置图中的墙体、结构、门窗等图线，为了明确表现电气图，基础构造一般采用细实线绘制，可以简化或省略各种装饰细部，注意描绘各种插座、开关、设备、构造和家具，这些是定位绘制的基础。

　　（2）平面图描绘完成后需要做一遍检查，然后开始绘制各种电器、灯具、开关、插座等符号，图形符号要适中，尤其是在简单平面图中不宜过大，在复杂平面图中不宜过小，复杂平面图可以按结构或区域分为多张图纸绘制。

　　（3）绘制图形符号要符合国家标准，尤其是符号图线的长短要与国家标准一致，不得擅自改变。应一边绘制图形符号，一边绘制图例，避免图例中存在遗漏。

　　（4）各类符号连接导线的绘制要尽量简洁，不宜转折过多或交叉过多。对于非常复杂的电气图，可以使用线路标号来替代连接线路，太过凌乱的导线会影响读图效率。连接导线后需要添加适当文字标注并编写设计说明，对于图纸无法清晰表现的内容，需要文字来辅助说明（图 7-8）。

　　（5）全部绘制完成后做第二遍检查，查找遗漏。强电平面图绘制完成后可以根据需要绘制相应的配电系统图（图 7-9）。

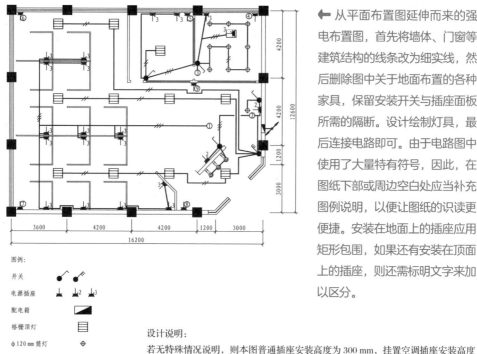

从平面布置图延伸而来的强电布置图，首先将墙体、门窗等建筑结构的线条改为细实线，然后删除图中关于地面布置的各种家具，保留安装开关与插座面板所需的隔断。设计绘制灯具，最后连接电路即可。由于电路图中使用了大量特有符号，因此，在图纸下部或周边空白处应当补充图例说明，以便让图纸的识读更便捷。安装在地面上的插座应用矩形包围，如果还有安装在顶面上的插座，则还需标明文字来加以区分。

图例：

开关	
电源插座	
配电箱	
格栅顶灯	
φ120 mm 筒灯	
φ50 mm 卤素射灯	
线路符号	

设计说明：

若无特殊情况说明，则本图普通插座安装高度为 300 mm，挂置空调插座安装高度为 1800 mm，开关安装高度为 1300 mm；灯具安装在吊顶扣板上高度为 3000 mm。

图 7-8　办公空间强电布置图（1∶150）

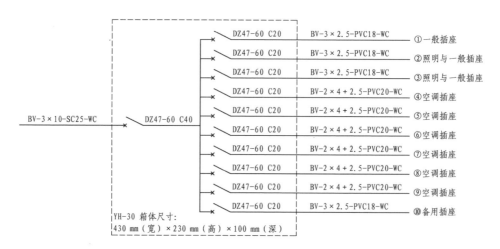

↑ 强电配电系统图能清晰表明电的输送强度与电能使用的逻辑关系，是强电布置图所不能替代的重要图纸。

图 7-9　办公空间强电配电系统图

▶ 7.3.2 弱电图

强电和弱电两者之间既有联系又有区别，一般来说强电的处理对象是能源（电力），其特点是电压高、电流大、功率大、频率低，主要考虑的问题是减少损耗、提高效率。弱电的处理对象主要是信息，即信息的传送和控制，其特点是电压低、电流小、功率小、频率高，主要考虑的是信息传送的效果问题，如信息传送的保真度、速度、广度、可靠性。

弱电系统工程虽然涉及火灾消防自动报警、有线电视、防盗安保、电话通信等多种系统，但工程图样的绘制除了图例符号有所区别以外，画法基本相同，主要有弱电平面图、弱电配电系统图和安装详图等。下面简要介绍办公空间的弱电图绘制。

弱电平面图与强电平面图相似，主要是用来表示各种装置、设备元器件和线路平面位置的图样。弱电配电系统图则是用来表示弱电系统中各种设备和元器件的组成、元器件之间相互连接关系的图样，对指导安装和系统调试有重要的作用。弱电图（图 7-10）的具体绘制方法与强电图一样，故在此省略了配电系统图。

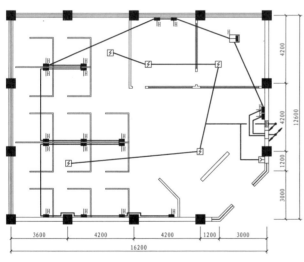

← 弱电布置图的设计绘制方式与强电图一致，但是连接布局相对简单，也可以不用绘制配电系统图。如今在住宅、中小型商业空间与办公空间中，多是无线传输信号，结构更简单。

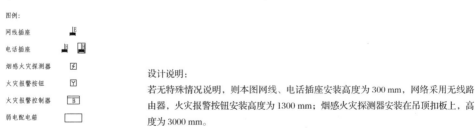

图例:

网线插座	
电话插座	
烟感火灾探测器	
火灾报警按钮	
火灾报警控制器	
弱电配电箱	

设计说明:

若无特殊情况说明，则本图网线、电话插座安装高度为 300 mm，网络采用无线路由器，火灾报警按钮安装高度为 1300 mm；烟感火灾探测器安装在吊顶扣板上，高度为 3000 mm。

图 7-10　办公空间弱电布置图（1：150）

7.4 电气图案例

要绘制好电气图就要多了解强电图和弱电图的绘制方法以及绘制时需要注意的事项，对于优秀的设计图纸还需经常翻阅，这些优秀图纸积攒了前人在绘制和施工过程中的经验，对后期的实际绘制会有很大帮助（图 7-11 ~ 图 7-14）。

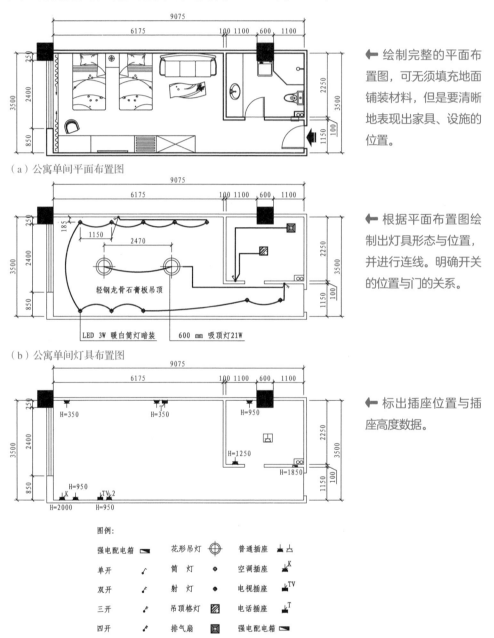

（a）公寓单间平面布置图

← 绘制完整的平面布置图，可无须填充地面铺装材料，但是要清晰地表现出家具、设施的位置。

（b）公寓单间灯具布置图

← 根据平面布置图绘制出灯具形态与位置，并进行连线。明确开关的位置与门的关系。

（c）公寓单间插座布置图

← 标出插座位置与插座高度数据。

图 7-11 公寓单间强电布置图（1：100）

126

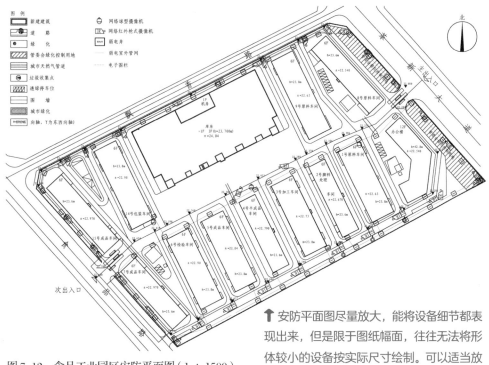

图 7-12　食品工业园区安防平面图（1∶1500）

↓ 安防系统图要理清设备之间的功能关系，采用虚线矩形来限定室内空间范围。如果设备较复杂，则需要预先学习相关专业技术知识，根据设备功能与连接逻辑来设计。图纸绘制要尽量整齐紧凑，识读轻松方便。

↑ 安防平面图尽量放大，能将设备细节都表现出来，但是限于图纸幅面，往往无法将形体较小的设备按实际尺寸绘制。可以适当放大设备造型，但是不能相互叠加混淆，以免误读。要将图例列举明确，不能有所遗漏。

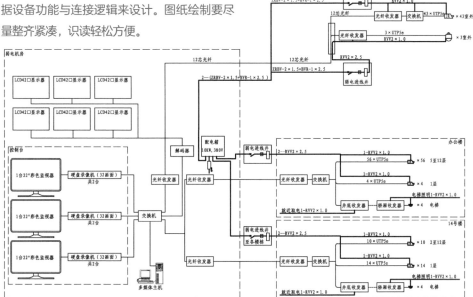

图 7-13　食品工业园区安防监控系统图

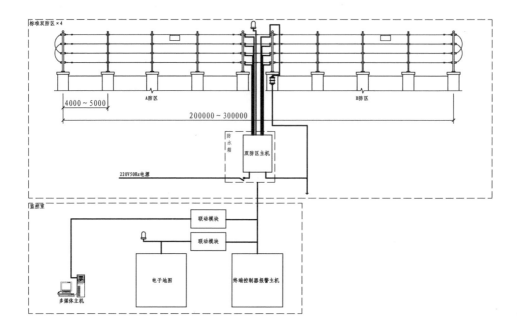

图中文字说明：
标准双防区×4
A防区
B防区
4000～5000
200000～300000
防水箱
双防区主机
220V50Hz电源
监控室
联动模块
联动模块
电子地图
终端控制器报警主机
多媒体主机

⬆ 系统图可以与立面图或平面图相结合，从系统图中引出线路，连通至立面图中的设备，最终形成直观的系统图，方便施工人员识读，能直接用于施工。

图 7-14　食品工业园区电子围栏系统图（1：200）

第 8 章　暖通空调图

识读难度： ★ ★ ★ ★ ☆

核心概念： 热水、暖通、中央空调

章节导读： 暖通与空调系统可以控制室内空气的温度与湿度，可以提高室内的舒适度，这些设备是为了改善现代生产、生活条件而设置的，主要包括采暖、通风、空调调节等。这些设备、构造方案的实施需要绘制相应的图纸，虽然暖通、空调系统的工作原理各不相同，但是其图纸绘制方法却相似，在设计制图中需要根据设计要求分别绘制。

绘制暖通空调图之前要规定好线宽和线型，所用管道的管径要确定好，管道的布局也要提前设想好，对于前期绘制的相关图纸和搜集到的相关资料要记录在册，并进行编号处理，以便后期进行查阅。

8.1 国家相关标准

暖通与空调系统主要包括采暖、通风、空调调解等，绘制暖通空调专业图纸要遵循《暖通空调制图标准》GB/T 50114—2010 的规定，保证图面清晰、简明，符合设计、施工、存档的要求。该标准主要适用于暖通空调设计中的新建、改建、扩建工程各阶段设计图、竣工图，适用于原有建筑物、构筑物等的实测图，适用于通用设计图、标准设计图。暖通空调专业制图还应符合《房屋建筑制图统一标准》GB/T 50001—2017 以及国家现行相关标准的规定。

▶ 8.1.1 图线和比例

图线的基本宽度 b 和线宽组，应根据图样的比例、类别及用途确定。基本宽度 b 宜选用 0.5 mm、0.7 mm、1.0 mm、1.4 mm，图样中仅使用两种线宽时，线宽组宜为 b 和 0.25b，三种线宽的线宽组宜为 b、0.5b 和 0.25b。在同一张图纸内，各不同线宽组的细线，可统一采用最小线宽组的细线。

暖通空调专业制图采用的线型及其含义应符合表 8-1 的规定，图样中也可以使用自定义图线及含义，但应明确说明，且其含义不应与表 8-1 冲突。总平面图、平面图的比例，宜与工程项目设计的主导专业一致。

表 8-1　图线

名称	图例	线宽	用途
粗实线	——————	b	单线表示的供水管线
中实线	——————	0.5b	建筑物轮廓；尺寸、标高、角度等标注线及引出线
细实线	——————	0.25b	建筑布置的家具、绿化等；非本专业设备轮廓
粗虚线	– – – –	b	回水管线及单根表示的管道被遮挡的部分
中虚线	– – – –	0.5b	地下管沟、改造前风管的轮廓线；示意性连线
细虚线	– – – –	0.25b	非本专业虚线表示的设备轮廓等
单点长画线	—·—·—	0.25b	轴线、中心线
双点长画线	—··—··—	0.25b	假想或工艺设备轮廓线
中波浪线	∿∿∿	0.5b	单线表示的软管
细波浪线	∿∿∿	0.25b	断开界限
折断线	—⌇—	0.25b	断开界线

▶ 8.1.2　常用图例

水、蒸汽管道代号宜按表 8-2 选用，自定义水、蒸汽管道代号应避免与其相矛盾，并应在相应图面中说明。自定义代号可取管道内介质汉语名称拼音的首个字母，若与表内已有代号重复，则应继续选取第 2、3 个字母，所选字母最多不超过 3 个。如果采用非汉语名称作为管道代号，则需明确表明对应的汉语名称。

表 8-2　水、蒸汽管道代号

序号	代号	管道名称	备注
1	R	（供暖、生活、工艺用）热水管	1. 用粗实线、粗虚线区分供水、回水时，可省略代号； 2. 可附加阿拉伯数字 1、2 区分供水、回水； 3. 可附加阿拉伯数字 1、2、3……表示一个代号、不同参数的多种管道
2	Z	蒸汽管	需要区分饱和、过热、自用蒸汽时，可在代号前分别附加 B、G、Z
3	N	凝结水管	
4	P	膨胀水管、排污管、排气管、旁通管	需要区分时，可在代号后附加一位小写拼音字母，即 Pz、Pw、Pq、Pt
5.	G	补给水管	
6	X	循环管	
7	XH	循环管、信号管	循环管为粗实线，信号管为细虚线。不致引起误解时，循环管也可为 X
8	Y	溢排管	
9	L	空调冷水管	
10	LR	空调冷 / 热水管	
11	LQ	空调冷却水管	
12	n	空调冷凝水管	
13	RH	采暖热水回水管	
14	CY	除氧水管	
15	YS	盐液管	
16	FQ	氟气管	
17	FY	氟液管	

风道代号宜按表 8-3 标注，暖通空调图常用图例宜按表 8-4。

表 8-3　风道代号

序号	代号	风道名称	序号	代号	风道名称
1	K	空调风管	4	HF	回风管（一、二次回风可附加 1、2 区分）
2	SF	送风管	5	PF	排风管
3	XF	新风管	6	PY	消防排烟风管

表 8-4 暖通空调图常用图例

序号	名称	图例	备注
1	阀门（通用）、截止阀		1. 没有说明时，即为螺纹连接 ———法兰连接时 ———焊接时 2. 轴测图画法 阀杆为垂直　阀杆为水平
2	闸阀		
3	手动调节阀		
4	角阀		
5	集气罐、排气装置	平面图	
6	自动排气阀		
7	除污器（过滤器）	立式除污器　卧式除污器　Y 形过滤器	
8	变径管、异径管	同心异径管　偏心异径管	
9	法兰盖		
10	丝堵		
11	金属软管		
12	绝热管		
13	保护套管		
14	固定支架		
15	介质流向		在管道断开处，流向符号宜标注在管道中心线上，其余可标注在管径标注的位置
16	砌筑风、烟道		
17	带导流片弯头		
18	天圆地方		左接矩形风管，右接圆形风管
19	蝶阀		

序号	名称	图例	备注
20	止回风阀	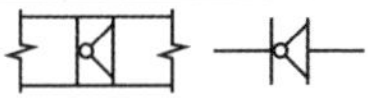	
21	三通调节阀	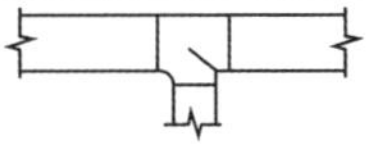	
22	防火阀	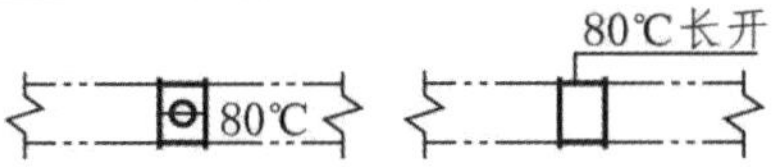 80℃长开 / ⊕80℃	表示 80℃动作的长开阀，若图面小，则可表示为右图
23	排烟阀	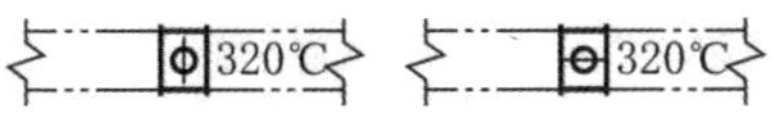 ⊕320℃ / ⊕320℃	左图为 320℃的长闭阀，右图为长开阀，若图面小，表示方法同上
24	软接头	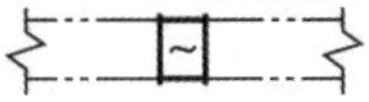	
25	软管	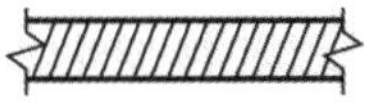	也可表示为光滑曲线（中粗）
26	风口	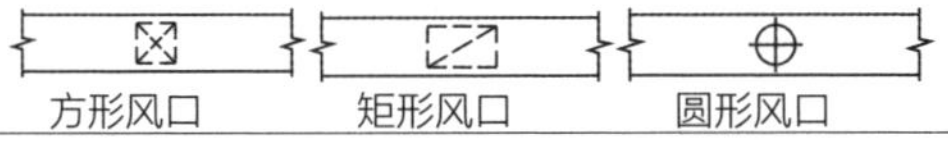 方形风口　　矩形风口　　圆形风口	
27	气流方向	 通用表示法　　表示送风　　表示回风	
28	散流器	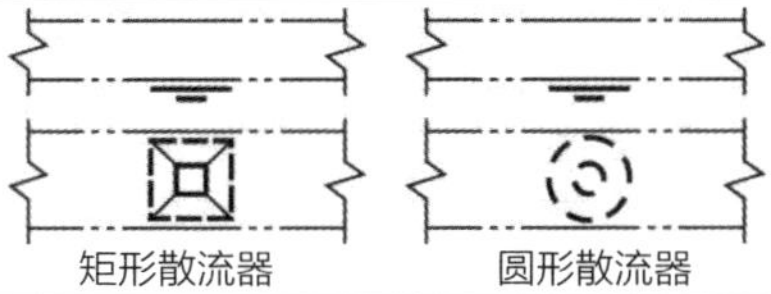 矩形散流器　　圆形散流器	散流器为可见时，虚线改为实线
29	检查孔、测量孔	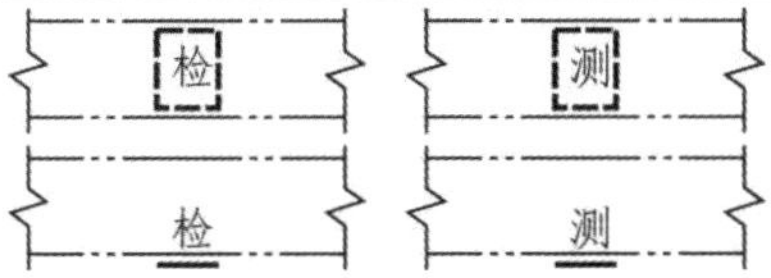 检　　测 / 检　　测	
30	散热器及控制阀	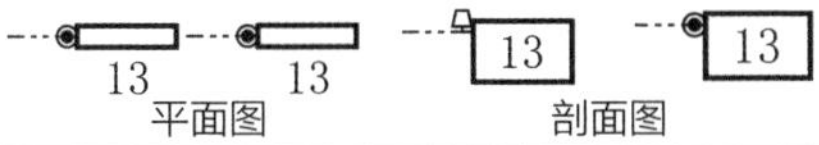 13　13　平面图　　13　13　剖面图	
31	轴流风机	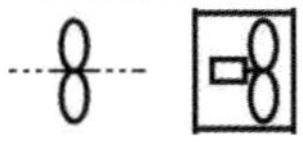	
32	离心风机		左为左式风机，右为右式风机
33	水泵		左侧为进水，右侧为出水
34	空气加热、冷却器		左、中分别为单加热、单冷却，右为双功能换热装置
35	板式换热器		
36	空气过滤器		左为粗效，中为中效，右为高效
37	电加热器	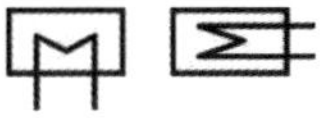	

序号	名称	图例	备注
38	加湿器		
39	挡水板		
40	窗式空调器		
41	分体空调器		
42	温度传感器	T 温度	
43	湿度传感器	H 湿度	
44	压力传感器	P 压力	
45	记录仪		
46	温度计	T 或	左为圆盘式温度计,右为管式温度计
47	压力表	或	
48	流量计	F. M. 或	
49	能量计	E. M. 或 T1 T2	
50	水流开关	F	

➡ 8.1.3 图样画法

1. 一般规定

各工程、各阶段的设计图纸应满足相应的设计深度要求。

(1)在同一套设计图纸中,图样的线宽、图例、符号等应一致。

(2)在设计中,应依次表示图纸目录、选用图集(纸)目录、设计施工说明、图例、设备、主要材料表、总图、工艺图、系统图、平面图、剖面图、详图等。

(3)单独成图时,其图纸编号应按所述顺序排列,图样文字说明,应以"注:""附注:"或"说明:"的形式在图纸右下方、标题栏的上方书写,并用"1、2、3……"进行编号。

(4)当一张图幅内绘制有平、剖面等多种图样时,应将平面图、剖面图、安装详图,按从上至下、从左至右的顺序排列。

(5)当一张图幅内绘有多层平面图时,应将图按建筑层次由低至高的顺序排列,图纸中的设备或部件不便用文字标注时，可对其进行编号，图样中只注明编号，若还需表明其型号（规格）、性能等内容，则用"明细栏"表示。

（6）施工图设计中的设备表至少应包括序号（编号）、设备名称、技术要求、数量、备注栏，材料表至少应包括序号（编号）、材料名称、规格、物理性能、数量、单位、备注栏。

2. 管道设备平面图、剖面图及详图

这类图纸一般应以直接正投影法绘制。

（1）用于暖通空调系统设计的建筑平面图、剖面图，应用细实线绘出建筑轮廓线和与暖通空调系统有关的门、窗、梁、柱、平台等建筑构配件，并标明相应定位轴线编号、房间名称、平面标高。

（2）暖通空调图中的管道和设备布置平面图应按假想除去上层板后俯视规则绘制，其相应的垂直剖面图应在平面图中标明剖切符号。

（3）在绘制暖通空调图时需要注意的是平面图上应注出设备、管道定位（中心、外轮廓、地脚螺栓孔中心）线与建筑定位（墙边、柱边、柱中）线间的关系，剖面图上应注出设备、管道（中、底或顶）标高。必要时，还应注出距该层楼（地）面的距离。

（4）暖通空调图的剖面图应在平面图上选择能反映系统全貌的部位作垂直剖切后绘制，当剖切的投射方向为向下和向右，且不致引起误解时，可省略剖切方向线。

（5）建筑平面图采用分区绘制时，暖通空调专业平面图也可分区绘制，但分区部位应与建筑平面图一致，并应绘制分区组合示意图。

（6）暖通空调图中平面图、剖面图所包含的水、蒸汽管道可用单线绘制，风管不宜用单线绘制（方案设计和初步设计除外）。

3. 管道系统图

管道系统图一般能确认管径、标高及末端设备，可按系统编号分别绘制。

（1）管道系统图如果采用轴测投影法绘制，宜采用与相应平面图一致的比例，按正等轴测或者正面斜二轴测的投影规则绘制，在不致引起误解时，管道系统图可不按轴测投影法绘制。

（2）管道系统图的基本要素应与平、剖面图相对应，水、蒸汽管道及通风、空调管道系统图均可用单线绘制。

（3）管道系统图中管线重叠、密集处，可采用断开画法，断开处宜以相同的小写拉丁字母表示，也可用细虚线连接。

4. 系统编号

一项工程设计中同时有供暖、通风、空调等两个及两个以上的不同系统时，应进行系统编号。

（1）暖通空调系统编号、入口编号，应由系统代号和顺序号组成，系统代号用大写拉丁字母表示，具体如何编号可参考表 8-5，顺序号由阿拉伯数字表示（图 8-1）。

表 8-5　系统代号

序号	代号	系统名称	序号	代号	系统名称
1	N	（室内）供暖系统	9	X	新风系统
2	L	制冷系统	10	H	回风系统
3	R	热力系统	11	P	排风系统
4	K	空调系统	12	JY	加压送风系统
5	T	通风系统	13	PY	排烟系统
6	J	净化系统	14	P（Y）	排风兼排烟系统
7	C	除尘系统	15	RS	人防送风系统
8	S	送风系统	16	RP	人防排烟系统

（a）系统代号

⬆代号在表 8-5 中查询填写，顺序号为流水号自行编写。

（b）系统编号

⬆母系统编号（或入口编号）在图纸中应保持统一，序号为流水号自行编写。

图 8-1　系统代号、编号的画法

（2）系统编号宜标注在系统总管处，竖向布置的垂直管道系统，应标注立管号（图 8-2），在不致引起误解时，可只标注序号，但应与建筑轴线编号有明显区别。

←图纸中有多种管道系统，需要标识系统号。

（a）立管系统号

←图纸中仅有一种管道系统时，可仅标注序号。

（b）立管序号

图 8-2　立管号的画法

5. 管道标高、管径、尺寸标注

在不宜标注垂直尺寸的图样中，应标注标高。

（1）标高一般以米为单位，可精确到厘米或毫米，当标准层较多时，可只标注与本层楼（地）面的相对标高（图 8-3）。

B+3.10

←B 为本楼层，+ 3.10 为高度 3.1 m，B + 3.10 为管道在距本楼层地面 3.1 m 处。

图 8-3　相对标高的画法

（2）水、蒸汽管道所注标高未予说明时，表示管中心标高，水、蒸汽管道标注管外底或顶标高时，应在数字前加"底"或"顶"字样。

（3）矩形风管所注标高未予说明时，表示管底标高，圆形风管所注标高未予说明时，表示管中心标高。

（4）低压流体输送用焊接管道规格应标注公称通径或压力，公称通径的标记由字母"DN"后跟一个以毫米为单位的数值，如 DN15、DN32，公称压力的代号为"PN"。

（5）输送流体用无缝钢管、螺旋缝或直缝焊接钢管、铜管、不锈钢管，当需要注明外径和壁厚时，用"D（或 ϕ）外径 × 壁厚"表示，如"$D108×4$""$\phi108×4$"。在不致引起误解时，也可采用公称通径表示。

（6）金属或塑料管应采用"d"表示直径，如"d10"。

（7）圆形风管的截面定型尺寸应以直径符号"ϕ"后跟以毫米为单位的数值表示；矩形风管（风道）的截面定型尺寸应以"A×B"表示。"A"为该视图投影面的边长尺寸，"B"为另一边尺寸，A、B 单位均为毫米。

（8）平面图中无坡度要求的管道标高可以标注在管道截面尺寸后的括号内，如"DN32（2.50）""200×200（3.10）"。必要时，应在标高数字前加"底"或"顶"的字样。

（9）水平管道的规格宜标注在管道的上方，竖向管道的规格宜标在管道的左侧。双线表示的管道，其规格可标注在管道轮廓线内部（图 8-4）。当斜管道不在图 8-5 所示30°范围内时，其管径（压力）、尺寸应平行标注在管道的斜上方，否则，用引出线水平或 90°方向标注。当有多条管线的规格需标注且管线密集时可采用中间图画法，其中短斜线也可统一用圆点（图 8-6）。

↓ 单管标注与常规水路图一致，主要用于标识给水排水管。

↓ 圆形管道可记录管道壁厚，在管道直径后用乘号表示。

↓ 矩形管道要表示管道的截面面积。

↓ 数据应标注在管道上方或左侧，在不同角度上都要把握好数据与管道之间的位置规律。

（a）单管

（b）圆形管道

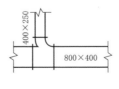

（c）矩形管道

图 8-4　管道截面尺寸的标注

图 8-5　管径（压力）的标注位置示例

⬇ 图纸空间充裕，管道之间可标注数据。

⬇ 图纸空间狭窄，通过引出线来标注数据。

⬇ 管道转折造成图纸空间狭窄，可分别在管道多处标注。

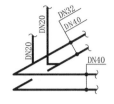

（a）管道间隙较大时的标注　　　（b）管道间隙较小时的标注　　　（c）管道转折处的标注

图 8-6　多条管线规格的画法

（10）风口、散流器的规格、数量及风量的表示方法可参考图 8-7。平面图、剖面图上若需标注连续排列的设备或管道的定位尺寸或标高，应至少有一个自由段（图 8-8），挂墙安装的散热器应说明安装高度。

⬇ 完整标注需要记录风力或流速。

⬇ 简易标注仅标注管道出风口规格与数量。

⬇ 绘制图表能标注更多、更完整的信息。

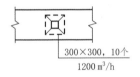

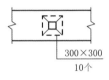

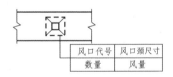

（a）完整标注　　　　　　　（b）简易标注　　　　　　　（c）图表标注

图 8-7　风口、散流器的表示方法

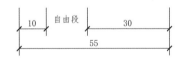

⬆ 括号内数字为不保证尺寸，不确定最终长度。

⬆ 自由段的尺寸根据实际施工现场确定，可空白不标注。

图 8-8　定位尺寸的表示方法

（11）管道转向、分支、重叠及密集处，还需要依据现场情况更加详细地绘制（图 8-9 ~ 图 8-13）。

⬆单线管道的转向区分为单线能否插入圆形中央，A 向没有插入圆形中央表明看到了管道截面，B 向插入圆形中央表明是没有看到截面的外部视角。

图 8-9　单线管道转向的画法

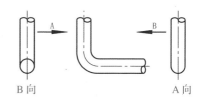

⬆双线管道的转向区分为能否看到管道截面，B 向能看到管道的截面，A 向仅能看到管道的外观。

图 8-10　双线管道转向的画法

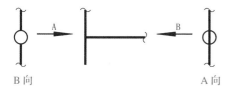

⬆单线管道分支方向区分为单线能否贯穿圆形中央，A 向没有贯穿圆形中央表明看到了管道截面，B 向贯穿圆形中央表明是没有看到截面的外部视角。

图 8-11　单线管道的分支画法

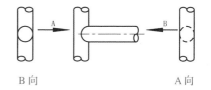

⬆双线管道的分支方向区分为能否看到管道截面，B 向能看到管道的截面，A 向仅能看到管道的外观。

图 8-12　双线管道的分支画法

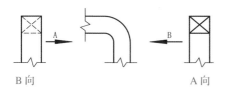

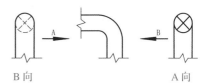

⬆送风管的管道截面采用交叉线表示。

图 8-13　送风管转向的画法

8.2 热水暖通图

在设计项目中，需要绘制热水暖通的设计方案图。现在大家一般采用集中采暖系统，这类系统的热源和散热设备是分别设置的，利用一个热源产生的热能通过输热管道向各个建筑空间供给热量。

▶ 8.2.1 热水暖通构造

1. 特点

热水暖通系统构造复杂、一次性投入大、采暖效率高、方便洁净，是目前大型公共空间常见的采暖系统。

（1）集中采暖系统一般都是以供暖锅炉、天然温泉水源、热电厂余热供汽站、太阳能集热器等作为热源，分别以热水、蒸汽、热空气作为热媒，通过供热管网将热水、蒸汽、热空气等热能从热源输送到各种散热设备，散热设备再以对流或辐射的方式将热量传递到室内空气中，用来提高室内温度，满足人们的工作和生活需要。

（2）热水采暖系统是目前广泛采用的一种供热系统，它是由锅炉或热水器将水加热至90℃左右以后，热水通过供热管网输送到各采暖空间，再经由供热干管、立管、支管送至各散热器内，散热后已冷却的凉水回流到回水干管，再返回至锅炉或热水器重新加热，如此循环供热。

2. 分类

热水采暖系统按照供暖立管与散热器的连接形式不同，连接每组散热器的立管有双管均流输送供暖和单管顺流输送供暖两种安装形式。由于供暖干管的位置不同，其热水输送的循环方式也不相同。比较常见的有上供下回式、下供下回式两种形式。

（1）上供下回式热水输送循环系统。上供下回式热水输送循环系统是指供水干管在整个采暖系统之上，回水干管则在采暖系统的最下面。

（2）下供下回式热水输送循环系统。下供下回式热水输送循环系统是指热水输送干管和回水干管均设置在采暖系统中所有散热器的下面。

供热干管应按水流方向设上升坡度，以便使系统内空气聚集到采暖系统上部设置的空气管，并通过集气罐或自动放风阀门将空气排至系统外的大气中。

回水干管则应按水流方向设下降坡度，以便使系统内的水全部排出。一般情况下，采暖系统上面的干管敷设在顶层的天棚处，而下面的干管应敷设在底层地板上。

▶ 8.2.2 绘制方法

下面列举一套娱乐空间的热水暖通图。热水暖通图一般需要参考平面布置图来绘制（图8-14），采用单线表示管路，附有必要的设计施工说明，主要分为热水地暖平面图（图8-15）、热水采暖平面图（图8-16）和热水采暖系统图（图8-17）三种，前两种绘制内容有差异，但是绘制方法和连接原理一致，只是形式不同，统称"采暖平面图"。

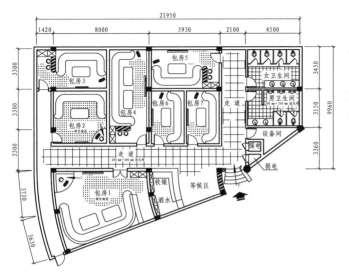

← 平面布置图是后续其他暖通空调图的基础，家具布置、设备所在位置都会影响暖通管道的布局走向。

图 8-14　平面布置图（1 ： 200）

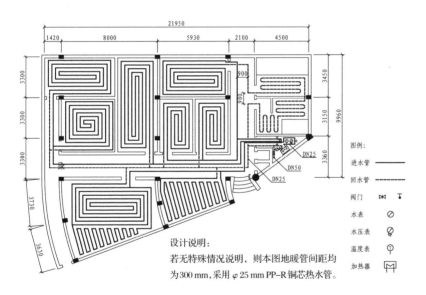

设计说明：

若无特殊情况说明，则本图地暖管间距均为 300 mm，采用 φ 25 mm PP-R 铜芯热水管。

↑ 地暖管道的间距应当保持完全一致，进水管与回水管要分开才能形成水循环，最后的余温经过卫生间等辅助空间，彻底将余热发挥殆尽后再回到锅炉加温。

图 8-15　热水地暖平面图（1 ： 200）

1. 采暖平面图

绘制热水暖通图经常采用与平面布置图相同的比例。

（1）绘制采暖平面图所选用的图样应表达设计空间的平面轮廓、定位轴线和建筑主要尺寸，如各层楼面标高、房间各部位尺寸等。

（2）为突出整个供暖系统，散热器、立管、支管用中实线画出；供热干管用粗实线画出；回水干管用粗虚线画出；回水立管、支管用中虚线画出。

（3）在绘制采暖平面图时还需表示出采暖系统中各干管支管、散热器位置及其他附属设备的平面布置，每组散热器的近旁应标注片数。

（4）在采暖平面图中还需标注各主干管的编号，编号应从总立管开始按照①、②、③的顺序标注，为了不影响图形的清晰度，编号应标注在建筑物平面图形外侧，同时标注各段管道的安装尺寸、坡度，如3/1000，即管道坡度为千分之三，箭头指向下坡方向等，并应示意性表示管路支架的位置。

（5）采暖平面图中立管的位置，支架和立管的具体间距、距墙的详细尺寸等在施工说明中予以说明，或者按照施工规范确定，一般不标注。

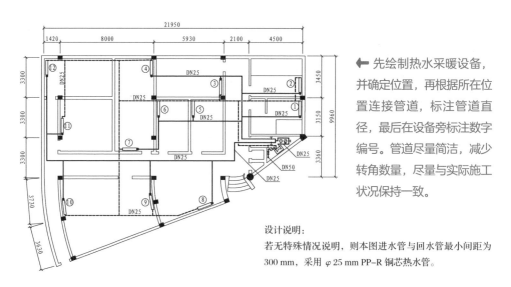

← 先绘制热水采暖设备，并确定位置，再根据所在位置连接管道，标注管道直径，最后在设备旁标注数字编号。管道尽量简洁，减少转角数量，尽量与实际施工状况保持一致。

设计说明：
若无特殊情况说明，则本图进水管与回水管最小间距为300 mm，采用 φ 25 mm PP-R 铜芯热水管。

图 8-16 热水采暖平面图（1 ： 200）

142

2. 采暖系统图

采暖系统图是表示从热水（蒸汽）入口至出口的采暖管道、散热器、各种安装附件的空间位置和相互关系的图样，能清楚地表达整个供暖系统的空间情况。采暖系统图以采暖平面图为依据，采用与平面图相同的比例以正面斜轴测投影方法绘制。在绘制采暖系统图时要参考采暖平面图。

（1）首先确定地面标高为 ±0.000 的位置及各层楼地面的标高，从引入水（蒸汽）管开始，先绘制总立管和建筑顶层棚下的供暖干管，干管的位置、走向应与采暖平面图一致。

（2）根据采暖平面图中各个立管的位置，绘制与供暖干管相连接的各个立管，再绘制出各楼层的散热器及与散热器连接的立管、支管。

（3）接着依次绘制回水立管、回水干管，直至回水出口，在管线中需画出每一个固定支架、阀门、补偿器、集气罐等附件和设备的位置。

（4）最后标出各立管的编号、各干管相对于各层楼面的主要标高、干管各段的管径尺寸、坡度等，并在散热器的近旁标注暖气片的片数。

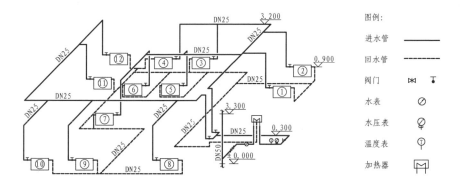

⬆ 在系统图中，可以将所有热水采暖设备统一方向，数字编号可置入其中，根据标高，系统图能清晰反映出管道是布置在室内空间的顶部

图 8-17　热水采暖系统图（1 ∶ 200）

8.3　中央空调图

空调系统泛指各种通风系统以及空气加温、冷却与过滤系统，该系统对室内空气进行加温、冷却、过滤或净化后，通过气体输送管道对空气进行调节的系统（图8-18）。

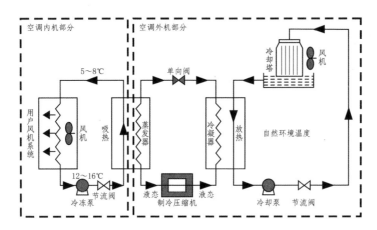

← 中央空调系统图上包括通风系统，空气加温、冷却与过滤系统两类，在某些特殊空间环境中通风系统往往单独使用。

图8-18　中央空调系统图

▶▶ 8.3.1　中央空调工作原理

中央空气调节系统分为集中式中央空气调节系统和半集中式中央空气调节系统两种。

1. 集中式中央空气调节

集中式中央空气调节将各种空气处理设备以及风机都集中设在专用机房室，是各商场、商住楼、酒店经常采用的空气调节形式。中央空调系统将经过加热、冷却、加湿、净化等处理过的暖风或冷风通过送风管道输送到房间的各个部位，室内空气交换后用排风装置经回风管道排向室外。有空气净化处理装置的，空气经处理后再回送到各个空间，使室内空气循环，达到调节室内温度、湿度和净化的目的。

2. 半集中式中央空气调节

半集中式中央空气调节将各种空气处理设备、风机或空调器都集中设在机房外，通过送风和回风装置将处理后的空气送至各个住宅空间，但是在各个空调房间内还有二次控制处理设备，以便灵活控制空气调节系统。

3. 中央空调通风系统

中央空调通风系统包括排风和送风两个方面的内容，从室内排出污浊的空气称为排风，向室内补充新鲜空气称为送风，给室内排风和送风所采用的一系列设备、装置构成了通风系统。而空气加温、冷却与过滤系统是对室内外交换的空气进行处理的设备系统，只是空气调节系统的一部分，将其称为"空调系统"是不准确的。但是很多室内空气的加温、循环水冷却、过滤系统往往与通风系统结合在一起，构成一个完善的空气调节体系，即空调系统。

▶ 8.3.2 绘制方法

结合热水暖通图的内容，下面将同样以娱乐空间为对象，讲述其中央空调图的绘制方法。

1. 了解概念

空气调节系统包括通风系统和空气的加温、冷却、过滤系统两个部分。虽然通风系统有单独使用的情况，但在许多空间中这两个系统是共同工作的，除主要设备外，一些输送气体的风机、管线等设备、附件往往是共用的，因此通风系统与空气的加温、冷却与过滤系统的施工图绘制方法基本上相同。空调系统施工图主要包括空调送风平面图（图8-19）和空调回风平面图（图8-20）。

2. 图纸绘制

中央空调图主要是表明空调通风管道和空调设备的平面布置图样。

（1）图中一般采用中粗实线绘制墙体轮廓，采用细实线绘制门窗，采用细单点长画线绘制建筑轴线，并标注空间尺寸、楼面标高等。

（2）根据空调系统中各种管线、风道尺寸大小，由风机箱开始，采用分段绘制的方法，按比例逐段绘制送风管的每一段风管、弯管、分支管的平面位置，并标明各段管路的编号、坡度等。

（3）用图例符号绘出主要设备、送风口、回风口、盘管风机、附属设备及各种阀门等附件的平面布置。注意标明各段风管的长度和截面尺寸及通风管道的通风量、方向等。

（4）图样中应注写相关技术说明，如设计依据、施工和制作的技术要求、材料质地等。

（5）空调工程中的风管一般是根据系统的结构和规格需要，用镀锌铁板分段制作的矩形风管，安装时将各段风管、风机用法兰连接起来即可。

（6）需要明确的是回风平面图的绘制过程与送风平面图相似，只不过是送风口改成了回风口。

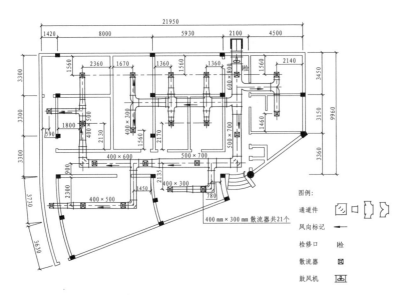

↑空调送风管道在隔墙施工之前就会开展，为了尽量让空调终端散流器的位置保持次序感，统一设计轴线网格进行分配。主送风管通过走道进行布置安装，散流器的数量根据产品质量与送风需要来安排，注意标注数据尺寸。

图 8-19 空调送风平面图（1：200）

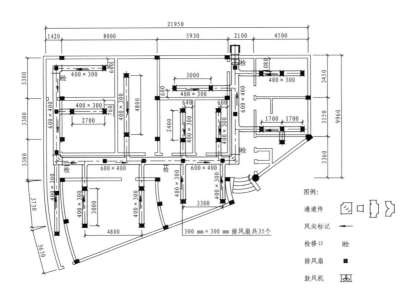

↑空调排风扇的吸气能力要低于空调散流器，且污浊空气自重较大，容易沉降在空间底部，因此排风扇的数量要多于散流器，同样以轴线网格的形式来分配，但是要让位于空调送风管道，且回风管道相对较小。

图 8-20 空调回风平面图（1：200）

146

8.4　暖通空调图案例

暖通空调设计图需要根据具体设计要求和施工情况来确定绘制内容，关键在于标明管线型号、设备位置及彼此的空间关系。绘图前最好能到相关施工现场参观考察，并查阅其他同类型图纸，建立较为直观的印象后再着手绘图（图 8-21、图 8-22）。

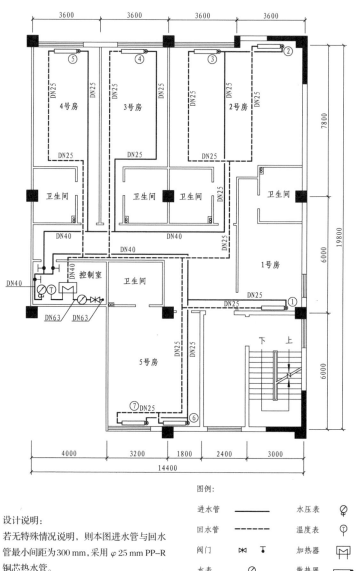

← 热水采暖管道设备成本较低，是公寓采暖的主流形式。从控制室引出的水管应当尽量简洁，在最短距离内连通至散热器，进水管与回水管要避免多次重复交错。

图例：

进水管	——	水压表	⌀
回水管	- - -	温度表	ⓣ
阀门	⋈　†	加热器	M
水表	⊘	散热器	▭

设计说明：

若无特殊情况说明，则本图进水管与回水管最小间距为300 mm，采用 φ 25 mm PP-R 铜芯热水管。

图 8-21　公寓热水采暖平面图（1∶150）

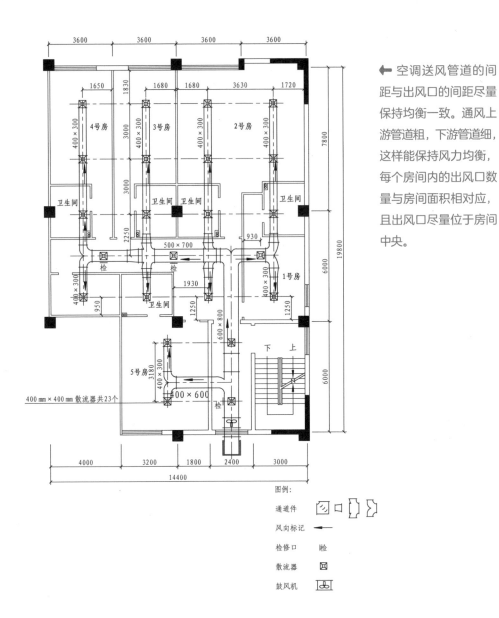

← 空调送风管道的间
距与出风口的间距尽量
保持均衡一致。通风上
游管道粗，下游管道细，
这样能保持风力均衡，
每个房间内的出风口数
量与房间面积相对应，
且出风口尽量位于房间
中央。

图例：

通道件		
风向标记	←	
检修口	检	
散流器	⊠	
鼓风机		

图 8-22 公寓空调送风平面图（1：150）

第 9 章　立面图

识读难度： ★ ★ ★ ☆ ☆

核心概念： 立面、结构、材料、工艺

章节导读： 一套施工图设计方案是否美观，很大程度上取决于它在主要立面上的艺术处理，包括造型与装修是否优美。在设计阶段，立面图主要是用来研究这种艺术处理的。立面图与总平面图、平面布置图相呼应，适用于室内外空间中各重要立面的形状构造、相关尺寸、相应位置和基础施工工艺的展示。在施工图中，主要反映结构立面装修的做法。

在绘制立面图之前，要了解立面图的绘制内容，立面图中包含立面构造风格、材料工艺说明、尺寸数据等，了解清楚这些，对于后期绘制立面图有很大帮助。

9.1 立面基础

立面图一般采用相对标高，以室内地坪为基准进而表明立面有关部位的标高尺寸，其中室内墙面或独立设计构造高度以常规形式标注。

室内立面图要求绘制吊顶高度及其层级造型的构造和尺寸关系，表明墙面设计形体的构造方式、饰面方法，并标明所需材料及施工工艺要求。

室内立面图在绘制时还要求详细标注墙、柱等各立面的设备及其位置尺寸和规格尺寸，在细节部位要对关键设计项目作精确绘制，尤其要表明墙、柱等立面与平顶及吊顶的连接构造和收口形式（图 9-1、图 9-2）。

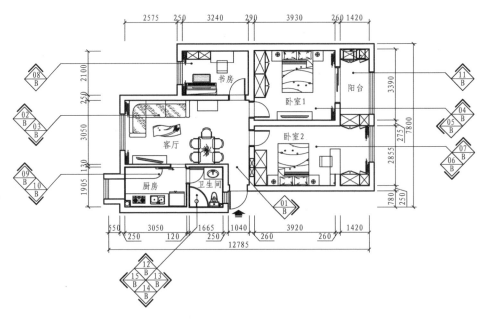

↑ 如果索引图幅面有限，可以将其延伸到图纸外部，通过引线来连接所在位置。菱形框内的上部数字为立面图的流水编号，下部字母为图纸系列编号，如平面图系列为 A，立面图系列为 B，等等，两类图的比例与绘制内容不同。

图 9-1 住宅立面索引图（1∶150）

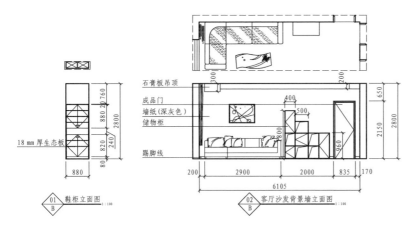

↑ 如果立面图较多，应当在平面布置图中截取一部分放在立面图上方对应的位置，这样看起来更直观。

图 9-2 住宅立面图一（1∶100）

立面图中需标注门、窗、轻质隔墙、装饰隔断等设施的高度尺寸和安装尺寸，标注与立面设计有关的装饰造型及其他艺术造型体的高低错落位置尺寸。立面图要与后期绘制的剖面图或节点图相配合，表明设计结构连接方法、衔接方式及其相应的尺寸关系（图9-3、图9-4）。

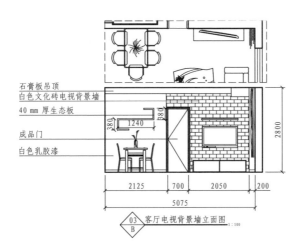

图 9-3 住宅立面图二（1∶100）

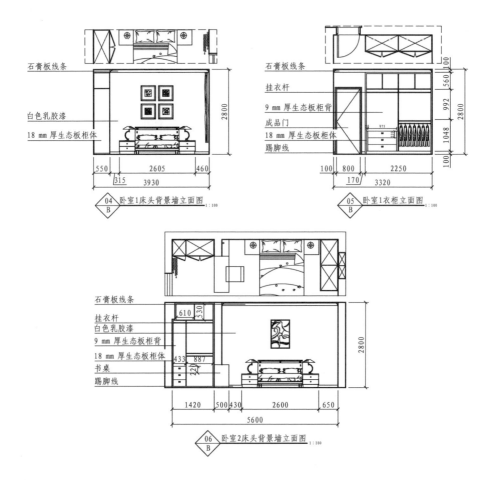

石膏板线条
白色乳胶漆
18 mm 厚生态板柜体

2800

550 315 2605 460
3930

04 卧室1床头背景墙立面图 1:100
B

石膏板线条
挂衣杆
9 mm 厚生态板柜背
成品门
18 mm 厚生态板柜体
踢脚线

100 560 992 1048 100
2800

100 800 170 2250
3320

05 卧室1衣柜立面图 1:100
B

石膏板线条
挂衣杆
白色乳胶漆
9 mm 厚生态板柜背
18 mm 厚生态板柜体
书桌
踢脚线

610 530
433 887 220

2800

1420 500 430 2600 650
5600

06 卧室2床头背景墙立面图 1:100
B

↑ 立面图的绘制重点在于结构与材料，材料标注应当在图中无数字标注或少数字标注的一侧，文字与数字不应相互叠加。材料标注中的文字应当对齐，保证图纸的规范性与美观性。

图 9-4 住宅立面图三（1：100）

9.2 识读与绘制

识读立面图需与平面图相配合对照，明确立面图所表示的投影面平面位置及其造型轮廓形状、尺寸和功能特点。绘制严格控制步骤，从基础轮廓开始逐步深入。

9.2.1 识读要点

识读时要明确地面标高、楼面标高、楼地面装修设计起伏高度，以及工程项目所涉及的楼梯平台等有关部位的标高。了解每个立面上的装修构造层次及饰面类型，明确装饰面的材料要求和施工工艺要求。

立面图上各设计部位与饰面的衔接处理方式较为复杂时，要同时查阅配套的构造节点图、细部大样图等，明确造型分格、图案拼接、收边封口、组装做法与尺寸。绘图者与读图者要熟悉装修构造与主体结构的连接固定要求，明确各种预埋件、后置埋件、紧固件和连接件的种类、布置间距、数量和处理方法等详细的设计规定。识读时要配合设计说明，了解有关施工设置或固定设施在墙体上的安装构造，若有需要预留的洞口、线槽或要求预理的线管，则要明确其位置尺寸关系，并将其纳入施工计划。

9.2.2 卧室床头背景墙立面图

这里列举某卧室床头背景墙立面图，详细讲解其绘制步骤与要点。

1. 建立构架

（1）从已绘制完成的平面图中获得地面长度尺寸，在适当的图纸幅面中建立墙面构架（图9-5）。立面图的比例可以定在1：50,对于比较复杂的设计构造,可以扩大到1：30或1：20，但是立面图不宜大于后期将要绘制的节点详图，以能清晰、准确反映设计细节来确定图纸幅面。

← 绘制基础框架时要注重建筑结构的完整性，在绘制立面图之前要对空间内部的构造进行设想或经过实地考察后再绘制。

图9-5 卧室床头背景墙立面图绘制步骤一

（2）一套设计图纸中，立面图的数量较多的，可以将全套图纸的幅面规格以立面图为主。墙面构架主要包括确定墙面宽度与高度，并绘制墙面上主要装饰设计结构，如吊顶、墙面造型、踢脚线等，除四周地、墙、顶边缘采用粗实线外，这类构造一般都采用中实线，被遮挡的重要构造可以采用细虚线。

（3）基础构架的尺寸一定要精确，为后期绘制奠定基础。当然，也不宜急于标注尺寸，绘图过程也是设计思考过程，要以最终绘制结果为参照来标注。

2. 调用成品模型

（1）基本构架绘制完毕后，就可以从图集、图库中调用相关的图块和模型了。如家具、电器、陈设品等，这些图形要预先经过线型处理，将外围图线改为中实线，将内部构造或装饰改为细实线。对于特别复杂的预制图形要做适当处理，简化其间的线条，否则图线过于繁杂，会影响最终打印输出的效果。

（2）注意成品模型的尺寸和比例，要适合该立面图的图面表现。针对手绘制图，可以适当简化成品模型的构造，例如，将局部弧线改为直线，省略繁琐的内部填充等。

（3）立面图调用成品模型时，要根据设计风格来确定，针对特殊的创意，需要单独绘制立面图，设计者最好能根据日常学习、工作需求创建自己的模型库，这样日后用起来也会得心应手。

（4）摆放好成品模型后，还需绘制无模型可用的设计构造，尽量深入绘制，使形态、风格与成品模型统一（图9-6）。

← 绘制背景墙上的装饰构造，从图库中调用家具的立面图摆放在相应的位置。对于个性化较强的定制设计与施工，家具的立面图需要自行绘制。

图9-6 卧室床头背景墙立面图绘制步骤二

3. 填充与标注

（1）当基本图线都绘制完毕后，就需要对特殊构造作适当填充，以区分彼此，如墙面壁纸、木纹、玻璃镜面等。填充时注意填充密度，小幅面图纸不宜填充面积过大、过饱满，大幅面图纸不宜填充面积过小、过稀疏。

（2）填充完毕后要能清晰分辨出特殊材料的运用部位和面积，最好形成明确的黑、灰、白图面对比关系，这样会使立面图的表现效果更加丰富。

（3）当立面图中的线条全部绘制完毕后还要对其做全面检查，及时修改错误，最后对设计构造与材料作详细标注，依照个人习惯可将尺寸标注放置在图面的右侧（左侧）和下方，引出的文字说明标注在图面的左侧（右侧）和上方。文字表述要求简单、准确，表述方式一般为"材料名称＋构造方法"。

（4）数据与文字要整齐一致，并标注图名与比例（图9-7）。

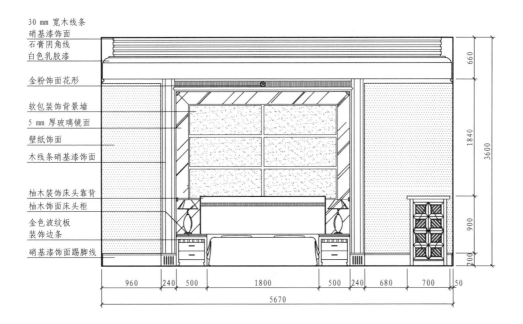

↑对立面图中表示不同材质的区域填充不同的图案，标注材料名称与尺寸数据，完善调整图纸。

图9-7 卧室床头背景墙立面图绘制步骤三（1：50）

9.2.3 建筑外墙立面图

通过对绘图步骤的深入了解，可以更清晰地看懂立面图。这里以某建筑外墙立面图绘制为例，详细讲解绘制步骤与要点。

1. 建立构架

（1）从已绘制完成的平面图中获得地面长度尺寸，在适当的图纸幅面中建立基础构架。立面图的比例可以定在 1∶50，对于比较复杂的设计构造，可以扩大到 1∶30 或 1∶20，绘图时需要注意的是立面图不宜大于后期将要绘制的节点详图，以能清晰、准确反映设计细节为最佳。

（2）一套设计图纸中，立面图的数量较多的，可以将全套图纸的幅面规格以立面图为主。构造的外围圈一般采用粗实线绘制，被遮挡的重要构造可以采用细虚线绘制。

（3）基础构架的尺寸一定要精确，这也能为后期绘制奠定基础。可以绘制结束后再标注尺寸，要明白绘图过程也是设计思考过程，要以最终绘制结果为参照来标注（图 9-8）。

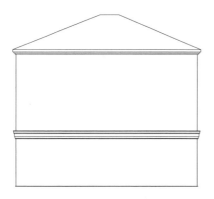

← 建筑外墙的基础框架包括外墙的主要装饰线条，虽然这一步不用标注数据，但是在绘制过程中要以真实尺寸进行绘制。

图 9-8　建筑外墙立面图绘制步骤一

2. 补充基础构造

（1）基本构架绘制完毕后，可以开始补充基础构造，例如门窗、柱点等，同时依据图纸需要还可以从图集、图库中调用相关的图块和模型，如植物、灯具等。这些图形使用前要进行线型处理，将外围图线改为中实线，内部构造或装饰改为细实线。

（2）需要注意的是，导入的成品模型的尺寸和比例要符合该立面图的图面表现。如果是手绘制图，那么可以适当简化成品模型的构造，例如，将局部弧线改为直线，省略繁琐的内部填充等，基础构造补充需要依据设计要求来定。

（3）摆放好成品模型后，还需绘制无模型可用的设计构造，尽量深入绘制，使形态、风格与成品模型统一（图 9-9）。

← 在立面图中绘制门窗与外墙铺装材料装饰线，门窗构造设计尺寸要与外墙结构匹配，设计好门窗后复制位置要精准。

图 9-9　建筑外墙立面图绘制步骤二

3. 填充与标注

建筑外墙立面图填充与标注和上文"卧室床头背景墙立面图"的绘图案例要求一样，根据特殊结构做适当填充，并加文字说明、图名和比例（图 9-10）。

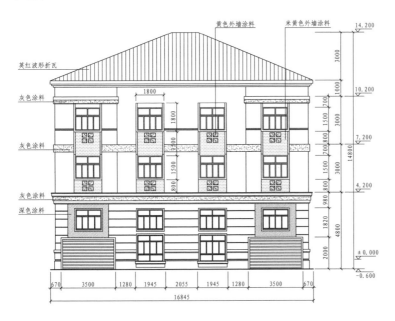

↑当全部外墙立面绘制完成后，需要对局部外墙区域进行必要填充，填充能区分材料与肌理质感，让图纸识读更清晰、直观。

图 9-10　建筑外墙立面图绘制步骤三（1 ∶ 150）

157

9.3 立面图案例

绘制立面图的关键在于把握丰富的细节，既不宜过于繁琐，也不宜过于简单，太繁琐的构造可以通过后期的大样图来深入表现，太简单的构造则可以通过多层次填充来弥补。为不同的构造绘制的立面图有其独特的特色，可以多多查阅其他优秀的图纸，作以参考（图9-11 ~图9-15）。

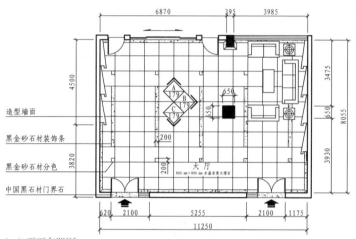

← 平面布置图中摆放好了必要的家具，简单呈现了地面铺装造型，绘制索引符号，将后续即将绘制的立面图编号标识出来。

（a）平面布置图

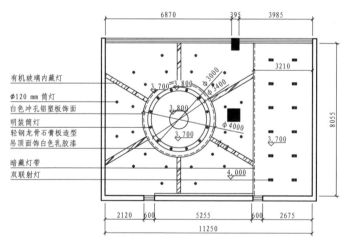

← 顶面布置图是平面布置图的呼应，标注出标高数据，为后续立面图确立高度。

（b）顶面布置图

图9-11　展厅大堂平面、顶面图（1：150）

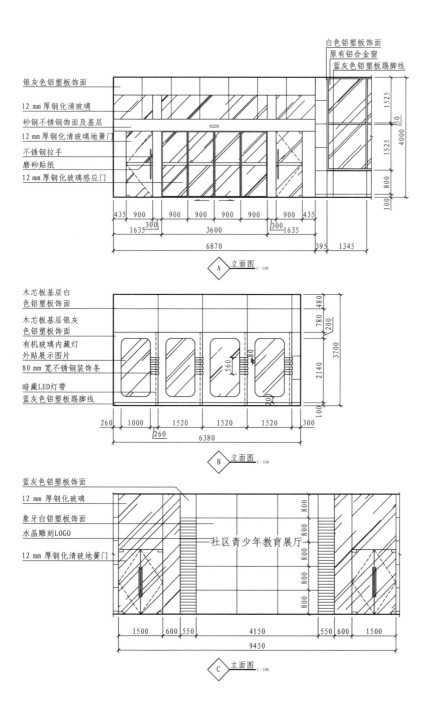

银灰色铝塑板饰面
12 mm 厚钢化清玻璃
砂钢不锈钢饰面及基层
12 mm 厚钢化清玻璃地弹门
不锈钢拉手
磨砂贴纸
12 mm 厚钢化玻璃感应门

白色铝塑板饰面
原有铝合金窗
蓝灰色铝塑板踢脚线

A 立面图 1:100

木芯板基层白色铝塑板饰面
木芯板基层银灰色铝塑板饰面
有机玻璃内藏灯外贴展示图片
80 mm 宽不锈钢装饰条
暗藏LED灯带
蓝灰色铝塑板踢脚线

B 立面图 1:100

蓝灰色铝塑板饰面
12 mm 厚钢化玻璃
象牙白铝塑板饰面
水晶雕刻LOGO
12 mm 厚钢化清玻璃地弹门

社区青少年教育展厅

C 立面图 1:100

↑立面图中要详细准确绘制出门窗构造与细节，玻璃区域填充长短斜线，墙面装饰造型高度绘制精准，背景墙上标题文字字体若不确定，可以用仿宋体暂时替代。

图 9-12　展厅大堂主要立面图

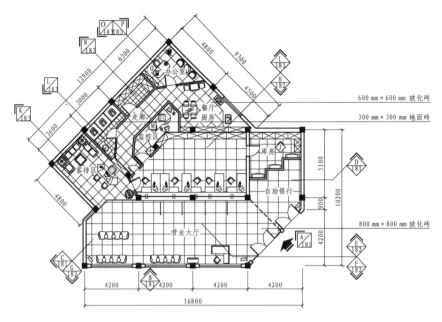

（a）平面布置图

⬆索引符号中的字母表示立面图的流水号，数字表示该立面图的图纸编号或流水号。数字与字母的选用没有特殊要求，可以全部为数字或全部为字母，也可以混搭，但是全套图纸要保持高度统一。

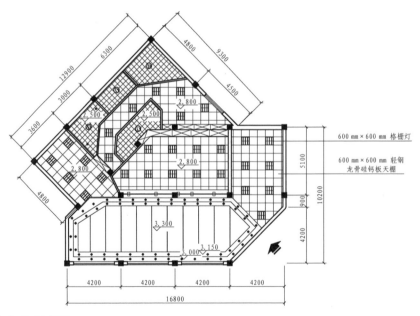

（b）顶面布置图

⬆顶面布置图中的核心在于顶面构造的标高。顶面造型根据功能区划分进行设计。

图9-13　银行办公区平面、顶面图（1：200）

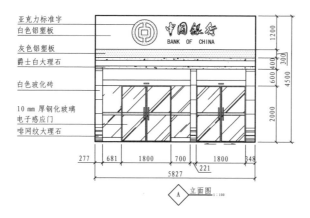

亚克力标准字
白色铝塑板
灰色铝塑板
爵士白大理石
白色玻化砖
10 mm 厚钢化玻璃
电子感应门
啡网纹大理石

A 立面图 1:100

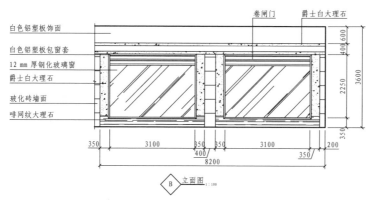

卷闸门　爵士白大理石

白色铝塑板饰面
白色铝塑板包窗套
12 mm 厚钢化玻璃窗
爵士白大理石
玻化砖墙面
啡网纹大理石

B 立面图 1:100

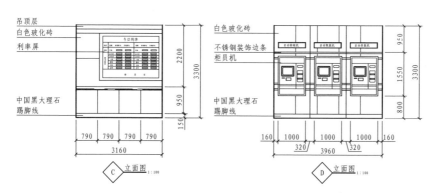

吊顶层
白色玻化砖
利率屏

中国黑大理石
踢脚线

C 立面图 1:100

白色玻化砖
不锈钢装饰边条
柜员机

中国黑大理石
踢脚线

D 立面图 1:100

↑ 外立面招牌上的标志应当对真实图片进行精确描绘，表现出精准的立面视觉效果。主要装饰材料与构造通过引线标注在图纸左侧与上方，立面高度数据统一标注在图纸右侧与下方。墙面设备应当尽量真实绘制，可以到银行营业大厅拍摄后对照绘制。

图9-14　银行办公区主要立面图一（1：100）

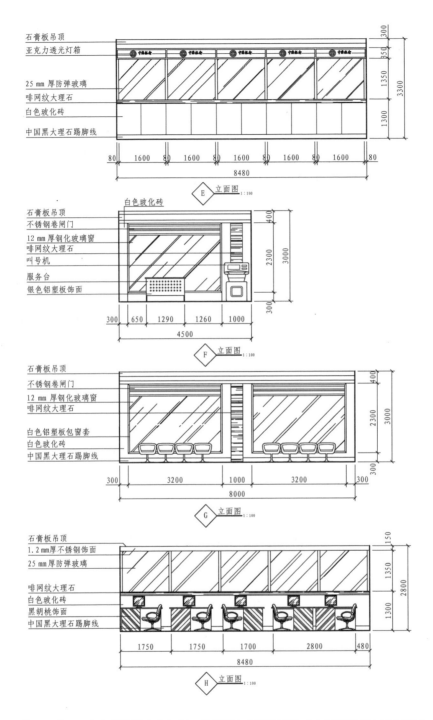

石膏板吊顶
亚克力透光灯箱

25 mm 厚防弹玻璃
啡网纹大理石
白色玻化砖
中国黑大理石踢脚线

300
850
1350
3300
1300

80 1600 80 1600 80 1600 80 1600 80 1600 80
8480

E 立面图 1:100

白色玻化砖

石膏板吊顶
不锈钢卷闸门
12 mm 厚钢化玻璃窗
啡网纹大理石
叫号机
服务台
银色铝塑板饰面

400
2300
3000
300

300 650 1290 1260 1000
4500

F 立面图 1:100

石膏板吊顶
不锈钢卷闸门
12 mm 厚钢化玻璃窗
啡网纹大理石
白色铝塑板包窗套
白色玻化砖
中国黑大理石踢脚线

400
2300
3000
300

300 3200 1000 3200 300
8000

G 立面图 1:100

石膏板吊顶
1.2 厚不锈钢饰面
25 mm 厚防弹玻璃
啡网纹大理石
白色玻化砖
黑胡桃饰面
中国黑大理石踢脚线

150
1350
2800
1300

1750 1750 1700 2800 480
8480

H 立面图 1:100

↑主要家具设备可以从图库中复制，但是指定家具造型款式应当根据真实状态描绘。

图9-15　银行办公区主要立面图二（1：100）

第10章　构造详图

识读难度：★★★★☆

核心概念：构造详图、剖面图、节点图、大样图

章节导读：在实际设计中，需要绘制的构造详图种类其实并不多，主要包括剖面图、构造节点图和大样图三种，绘制时选用的图线应与平面图、立面图一致，只是地面界限与主要剖切轮廓线一般采用粗实线。构造详图是为了弥补装修施工图中，各类平面图和立面图因比例较小而导致的很多设计造型、创意细节、材料选用等信息无法表现或表现不清晰等问题，一般采用1：20、1：10，甚至1：5、1：2的比例。

在绘制构造详图之前必须了解空间内哪些区域需要绘制构造详图，一般内墙节点、楼梯、厨房、卫生间等局部平面是需要单独绘制构造详图的。此外，特殊的门、窗等也是需要绘制构造详图的，这一点需了解。

10.1　构造详图识读

构造详图是将设计对象中的重要部位作整体或局部放大，甚至做必要剖切，用以精确表达在普通投影图上难以表明的内部构造。

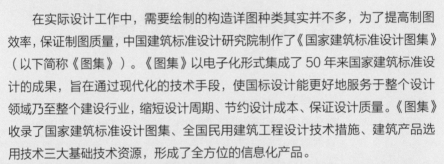

识图与制图补充要点——《国家建筑标准设计图集》

在实际设计工作中，需要绘制的构造详图种类其实并不多，为了提高制图效率，保证制图质量，中国建筑标准设计研究院制作了《国家建筑标准设计图集》（以下简称《图集》）。《图集》以电子化形式集成了50年来国家建筑标准设计的成果，旨在通过现代化的技术手段，使国标设计能更好地服务于整个设计领域乃至整个建设行业，缩短设计周期、节约设计成本、保证设计质量。《图集》收录了国家建筑标准设计图集、全国民用建筑工程设计技术措施、建筑产品选用技术三大基础技术资源，形成了全方位的信息化产品。

《图集》同时还提供了图集快速查询、图集管理、图集介绍、图集应用方法交流等多项功能，而且可以以图片方式阅览图集全部内容。设计者可以迅速查询、阅读需要的图集，并获得如何使用该图集等相关信息。《图集》充分利用网络技术优势，实现了国标图库动态更新功能。用户可通过互联网与国家建筑标准设计网站服务器链接，获取标准图集最新成果信息、最新废止信息，并可下载最新国标图集。通过动态更新功能，使《图集》中资源与国家建筑标准设计网保持同步，设计者可在第一时间获取国标动态信息。

《图集》采用信息化手段，为国标图集的推广、宣传、使用开辟了新的途径，有效地解决了由于信息传播渠道不畅造成的国标技术资源没有被充分有效地利用的情况，或误用失效图集的问题，使国家建筑标准设计更加及时地服务于工程建设。

▶ 10.1.1 剖面图

1. 定义

剖面图是假想用一个或多个纵向、横向剖切面，将设计构造剖开，所得的投影图，用以表示设计对象的内部构造形式、分层情况、各部位的关系、材料选用、标高尺度等，需与平、立面图相互配合，是不可缺少的重要图样之一（图 10-1）。

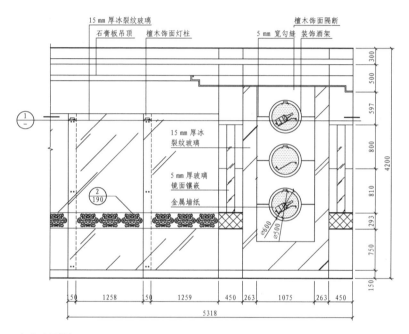

（a）立面图

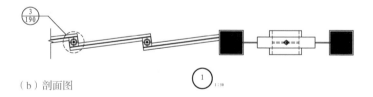

（b）剖面图

↑图中 1 号详图属于剖面图，由于幅面受到限制，因此 2 号与 3 号详图位于全套图纸的第 190 张，故本张图中的索引符号下半部标为"190"。剖切线为粗实线，方向指引线为细实线，方向线位于剖切线下方，表示构造经过剖切后向下看，即可得出一个全新的剖面图。

图 10-1　玻璃隔断立面图与剖面图（1：50）

2. 相关要求

（1）剖面图的数量要根据具体设计情况和施工实际需要来确定。剖切面一般为横向，即平行于正面，必要时也可纵向，即平行于侧面，其位置选择很重要，要能反映内部复杂的构造与典型的部位。

（2）在大型设计项目中，尤其是针对多层建筑，剖切面应通过门窗洞的位置，选择在楼梯间或层高不同、层数不同的部位，剖面图的图号应与平面图上所标注剖切符号的编号一致。

10.1.2 大样图和构造节点图

1. 大样图

大样图是指针对图纸某一特定区域，进行特殊性放大标注，能较详细地表示局部形体结构的图纸。大样图适用于绘制某些形状特殊、开孔或连接较复杂的零件或节点，在常规平面图、立面图、剖面图或构造节点图表达不清楚时，就需要单独绘制大样图。大样图与构造节点图一样，需要在图纸中标明相关图号，方便读图者查找（图 10-2）。

2. 构造节点图

构造节点图是用来表现复杂设计构造的详细图样，又称为详图，可以是常规平面图、立面图中复杂构造的直接放大图样，也可以是将某构造经过剖切后局部放大的图样，这类图纸一般用于表现设计施工要点，需要针对复杂的设计构造专门绘制，可以在国家标准图集、图库中查阅并引用。绘制构造节点图需要在图纸中标明相关图号，方便读图者查找（图 10-3）。

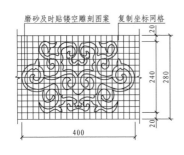

↑ 对造型复杂的装饰图案进行雕刻时，需要精准定位，坐标网格能清晰表现出图案的形体结构，适用于等比例放大雕刻。

↑ 经过剖切和放大之后的图能清晰表现设计构造，放大的程度根据图纸幅面与构造复杂程度来定，要能清晰表现内部细节，如材料、尺寸、文字标注等。详图的编号要与立面图的编号一致，在一套装修施工图中，详图的编号一般为流水号，顺序编排即可。

图 10-2 玻璃隔断大样图（1：10）　　图 10-3 玻璃隔断构造节点图（1：10）

10.1.3 相关联系

在装饰装修设计图中，剖面图是对常规平面图、立面图中不可见面域的表现，绘制方法、识读要点都与平面图、立面图基本一致。构造节点图则是对深入设计、施工局部细节的强化表现，重点在于表明构造间的逻辑关系；而大样图则是对某一局部单独放大，其重点是标注精确的尺寸数据。

绘制构造详图需要结合预先绘制的平面图与立面图，查找剖面图和构造节点图的来源，辨明与之相对应的剖切符号或节点编号，并确认其剖切部位和剖切投影方向。

在复杂设计中，要熟悉图中的预埋件、后置埋件、紧固件、连接件、黏结材料、衬垫和填充材料，以及防腐、防潮、补强、密封、嵌条等工艺措施规定，明确构配件、零辅件及各种材料的品种、规格和数量，准确地将其用于施工准备和施工操作。

剖面图和构造节点图涉及重要的隐蔽工程及功能性处理措施，必须严格照图施工，明确责任，不得随意更改。大样图、剖面图和构造节点图主要是表明构造层次、造型方式、材料组成、连接件运用等，并提出必须采用的构、配件及其详细尺寸、加工装配、工艺做法和施工要求；表明不同构造层以及各构造层之间、饰面与饰面之间的结合或者拼接方式，表明收边、封口、盖缝、嵌条等工艺的详细做法和尺寸要求等细节。

10.2 绘制剖面图

在日常设计制图中，大多数剖面图都用于表现平面图或者立面图中的不可见构造，要求使用粗实线清晰绘制出剖切部位的投影，在建筑设计图中需标注轴线、轴线编号、轴线尺寸。

10.2.1 设计要求

剖切部位的楼板、梁、墙体等结构部分应该按照原有图纸或者实际情况测量绘制，并标注地面、顶棚标高和各层层高。剖面图中的可视内容应该按照平面图和立面图中的内容绘制，标注定位尺寸，注写材料名称和制作工艺。

绘制剖面图时要特别注意剖面图在平面图或者立面图中剖切符号的方向，并在剖面图下方注明该剖面图图名和比例。

10.2.2 绘图与识读步骤

这里以某停车位的设计方案为例，讲解其中剖面图的绘制与识读步骤。

（1）根据设计绘制出停车位的平面图，该平面图也可以从总平面图或建筑设计图中节选一部分，在图面中对具体尺寸作重新标注，检查核对后即可在适当部位标注剖切符号。

（2）剖切符号的具体位置要根据施工要求来定，一般选择构造最复杂或最具有代表性的部位，该方案中的剖切符号定在停车位中央，作纵向剖切并向右侧观察，这样更具有代表性，能够清晰反映出地面铺装构造（图 10-4）。

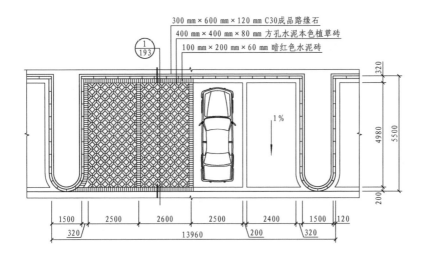

300 mm × 600 mm × 120 mm C30成品路缘石
400 mm × 400 mm × 80 mm 方孔水泥本色植草砖
100 mm × 200 mm × 60 mm 暗红色水泥砖

$\frac{1}{193}$

1%

320

4980

5500

200

1500 2500 2600 2500 2400 1500 120

320 13960 200 320

↑ 平面图是绘制剖面图的基础,剖面图能表现出平面图中无法直观看到的内容。

图10-4　停车位平面图（1∶150）

（3）绘制剖切形态,根据剖切符号的标示绘制剖切轮廓,包括轮廓内的各种构造,绘制时应该按施工工序绘制,如从下向上、由里向外等,目的在于分清绘制层次和图面的逻辑关系,然后分别进行材料填充,区分不同构造和材料。

（4）最后标注尺寸和文字说明。剖面图绘制完成后要重新检查一遍,避免在构造上出现错误。此外,要注意剖面图与平面图之间的对应关系,图纸中的构图组合要保持均衡、间距适当（图10-5）。

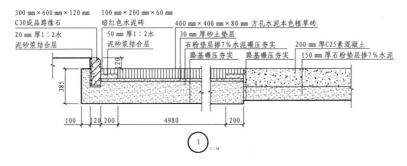

300 mm × 600 mm × 120 mm
C30成品路缘石
20 mm 厚1∶2水泥砂浆结合层

100 mm × 200 mm × 60 mm
暗红色水泥砖
50 mm 厚1∶2水泥砂浆结合层

400 mm × 400 mm × 80 mm 方孔水泥本色植草砖
30 mm 厚砂土垫层
石粉垫层掺7%水泥碾压夯实
路基碾压夯实

200 mm 厚C25素混凝土
150 mm 厚石粉垫层掺7%水泥
路基碾压夯实

385

100 120 200 4980 200

① 1∶30

↑ 当材料标注文字较多时,应当考虑放大该详图的比例,由平面图的1∶150放大为1∶30,这样就有更大的空间能输入更多材料构造文字。

图10-5　停车位剖面图（1∶30）

10.3　构造节点图

　　构造节点图是装修施工图中最微观的图样，在大多情况下，它是剖面图与大样图的结合体。构造节点图一般要将设计对象的局部放大后详细表现，相对于普通剖面图而言，比例会更大些。以表现局部为主。当原始平面图、立面图和剖面图的投影方向不能完整表现构造时，还需对该构造做必要剖切，并绘制引出符号。

📖 10.3.1　设计要求

　　绘制构造节点图时，需详细标注尺寸和文字说明，如果构造繁琐，尺寸多样，则可以不断扩大该图的比例，甚至达到 2 ：1、5 ：1、10 ：1，最终目的是将局部构造说明清楚。构造节点图中的地面构造和主要剖切轮廓采用粗实线绘制，其他轮廓采用中实线绘制，而标注和内部材料填充均采用细实线。

　　构造节点图的绘制内容主要有各类设计构造、家具、门窗、楼地面、小品与陈设等，任何设计细节都可以通过不同形式的构造节点图来表现。

📖 10.3.2　绘图与识读步骤

　　这里以某围墙的正立面图为例来讲解构造节点图的绘制步骤。

　　（1）绘制围墙的正立面图，做好必要的尺寸标注和文字说明，对需要绘制构造节点图的部位作剖切引出线并标注图号，复杂结构一般需要从纵、横两个方向剖切放大（图10-6）。

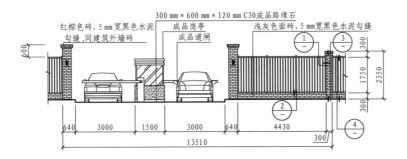

　　⬆ 立面图中仅绘制大体形态，把握好整体构造的空间尺寸与功能，更多细节通过剖切引出编号，在详图中表现。

图 10-6　围墙正立面图（1 ：150）

（2）根据表现需要确定合适的比例和图纸幅面，同一处构造的节点图最好安排在同一图面中。

（3）依次绘制不同剖切方向的放大投影图，一般先绘制大比例图样，再绘制小比例图样。

（4）单个图样的绘制顺序一般从下向上，或从内向外，也可以根据制作工序来绘制，但不能有所遗漏。由于图样复杂，所以要边绘制边标注尺寸和文字说明。

（5）当全部图样绘制完成后需作细致地检查，纠正错误，最后标注图名、图号和比例等图纸信息（图10-7）。

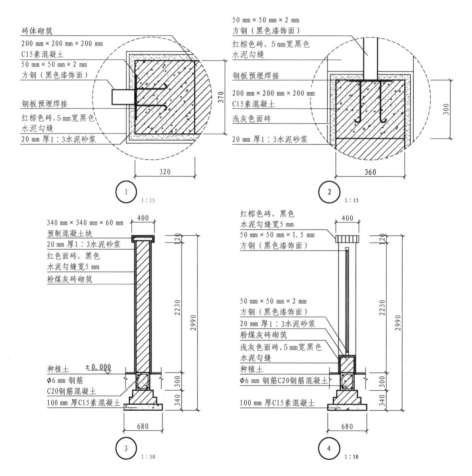

用虚线圆圈将需要绘制的节点锁定，更能体现设计重点，由于图形区域被放大，因此更利于观察，标注的材料说明更详细。很多构造的局部尺寸不必逐个标注，只需标注整体尺寸，读图者可以通过文字说明中的数据来理解，或者直接用尺在图上测量，再乘以该详图下方的比例即可得出详细且真实的尺寸。

图10-7 围墙节点详图构造（1∶15、1∶50）

10.4 大样图

　　大样图与构造节点图不同，主要针对平面图、立面图、剖面图或构造节点图的局部图形作单一性放大，表现内容是该图样的形态和尺寸，而对构造不做深入绘制，适用于表现设计项目中的某种图样或预制品构件，将其放大后一般还需套用坐标网格对形体和尺寸作精确定位。

▶ 10.4.1 设计要求

　　绘制剖面图、构造节点图和大样图需要了解相关的施工工艺，因为这类图样最终要为施工服务，设计者的思维必须清晰无误，绘图过程实际上是施工预演过程，绘制时要反复检查结构、核对数据，将所绘制的图样熟记在心。可以建立属于设计者个人的图集、图库，这样在日后的学习、工作中也就无须再重复绘图了，能大幅度提高制图效率。

▶ 10.4.2 绘图与识读步骤

　　这里以某围墙上的铜质装饰栏板的大样图为例进行讲解。

　　（1）大样图的绘制方法比较简单，只需将原图样放大绘制即可，在手绘制图中，原图样也可以保留空白，直接在大样图中绘制明确（图 10-8）。

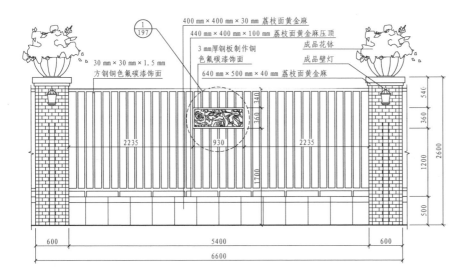

↑ 立面图尽量放大，要能将全部构造或单元构造完整地表现出来。标注详细的尺寸数据与材料工艺文字说明，从中引出需要进一步设计的局部构造。

图 10-8　围墙立面图（1 ∶ 50）

（2）如果大样图中曲线繁多，还需绘制坐标网格，每个单元的尺寸宜为1、5、10、20、50、100等数字，方便缩放。

（3）大样图中的主要形体采用中实线绘制，坐标网格采用细实线绘制，大样图绘制完成后仍需标注引出符号，但是对表述构造的文字说明不作要求（图10-9）。

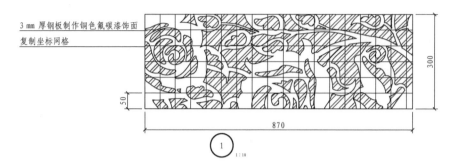

↑大样图中的镂空图形用斜线填充表示，坐标网格的整体尺寸与单位尺寸都要精确标注。

图10-9 围墙装饰栏板局部大样图（1 : 10）

10.5 楼梯构造详图

楼梯构造跨跃楼层，空间概念较复杂，需要对设计空间有深刻认知。楼梯构造详图是楼梯设计、施工的重要媒介，从楼梯平面图开始，对楼梯台阶进行剖析，表现出楼梯台阶的材料组合。

10.5.1 楼梯构造详图识读

楼梯构造详图的识读从平面图开始，分析楼梯上下走向。在多层建筑中，每层楼的楼梯平面图是不同的，主要分为底层、标准层、顶层三种形式，其中标准层是指建筑中大部分楼层（即中间楼层）的统一形式（图10-10）。

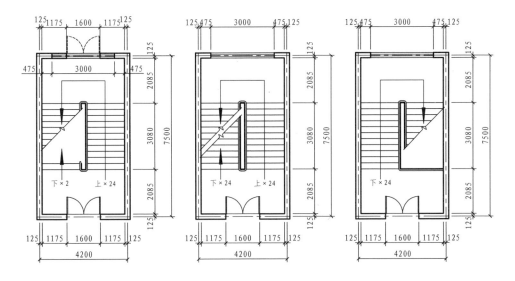

（a）底层平面图　　　　　　（b）标准层平面图　　　　　　（c）顶层布置图

⬆ 楼梯底层平面图主体台阶从右侧步行向上，共经过 24 个台阶可到达二楼，指示箭头方向标识明确。左侧有 2 级台阶可继续向下，通过楼梯构造下部空间到达楼梯间后门。

⬆ 标准层是承上启下的楼层，这些楼层的楼梯平面布局基本相同，从该层进入楼梯间后从右侧步行向上，共经过 24 个台阶可到达上一层楼。同样，从左侧步行向下，共经过 24 个台阶可到达下一层楼。两处方向箭头即将接触时，用折断线标识错位断开。

⬆ 顶层无继续向上的楼梯，此处需要绘制围栏标识终止。从左侧步行向下，共经过 24 个台阶可到达下一层楼。

图 10-10　公共楼梯平面图（1 ∶ 150）

10.5.2 直形楼梯

直形楼梯的台阶延伸为直线，这里将图 10-10 中的底层平面图放大，继续介绍直形楼梯构造详图。

（1）底层平面图中的楼梯有向上和向下两个方向，需要在原底层平面图的基础上增加高度标注，在平面图中就要明确楼梯的高度空间。同时要增加剖切符号，对楼梯主要断面进行剖切，形成直观的空间形体（图 10-11）。

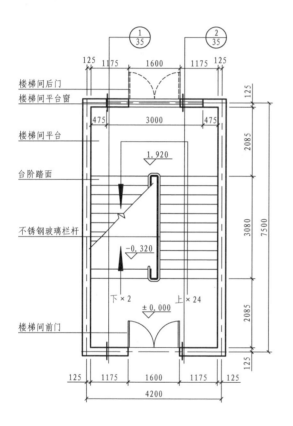

→ 将底层平面图放大后补充材料说明，绘制剖切引出线与符号。剖切部位要能完全反映楼梯结构全貌，将向上与向下的构造分别剖切。

图 10-11　公共楼梯底层平面图（1 ∶ 100）

（2）根据剖切符号绘制楼梯两个方向的剖面图（图 10-12）。对剖切后的局部构造放大，绘制出构造详图（图 10-13）。

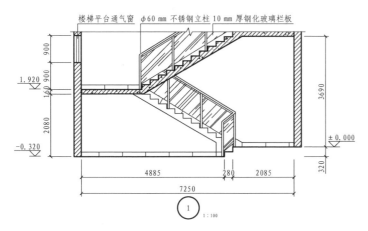

← 楼梯剖面图能清晰表现出台阶、附带栏板、踢脚线、平台窗等构造。标注尺寸数据、标高数据、主要材料说明。对局部构造引出详图符合进行下一步设计。

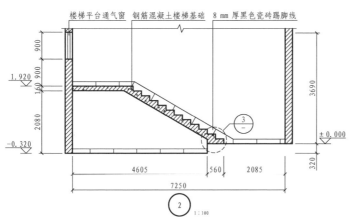

图 10-12　公共楼梯底层剖面图（1 ∶ 100）

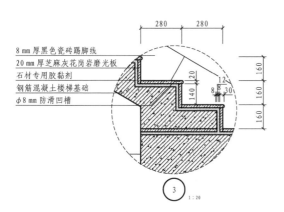

← 对楼梯台阶局部构造放大并绘制剖面图，清晰绘制出台阶表面铺贴的石材与胶黏剂厚度。进一步标注细节尺寸数据。

图 10-13　公共楼梯构造详图（1 ∶ 20）

▶ 10.5.3　旋转楼梯

旋转楼梯适用于面积较小的空间，多用于两层楼板之间的连通，设计好进入方向与角度，精确计算楼梯台阶步数与高度（图 10-14）。

⬇ 一层平面图要求绘制出完整的扶手始端构造，同时标注各部位详细尺寸与主要材料。

⬇ 顶层平面图要求绘制出完整的扶手末端构造，同时标注各部位详细尺寸。

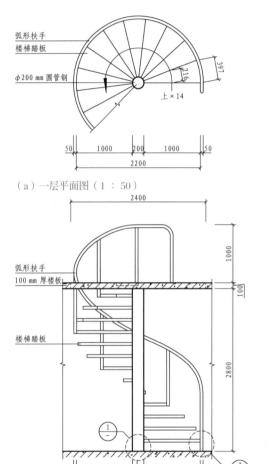

（a）一层平面图（1：50）

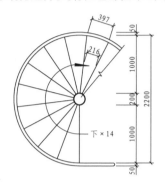

（b）顶层平面图（1：50）

（c）主立面图（1：50）

⬆ 主立面图中台阶构造尺寸需要与平面图中的对齐，因此主立面图要与一层平面图保持纵向对齐，以便清晰表现出楼板与台阶、扶手之间的穿插关系。

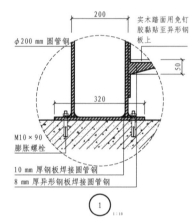

（d）构造详图（1：10）

⬆ 中小型旋转楼梯多采用钢结构焊接主体，需要用膨胀螺栓来强化基础固定。

图 10-14　旋转楼梯构造详图

10.6 构造详图案例

为了强化训练,下面列举了一批室内外优秀图纸作为参考(图 10-15、图 10-16)。

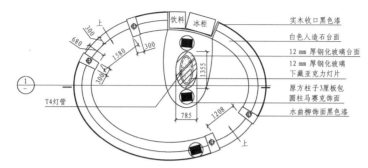

(a)自助餐台平面图(1:100)

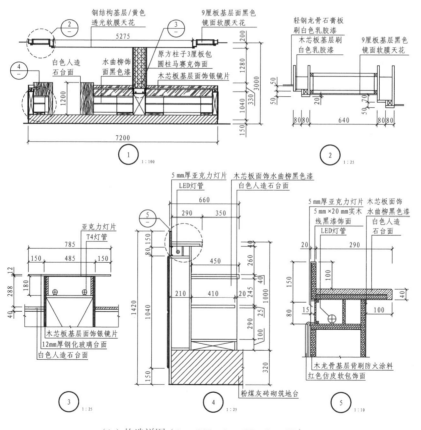

(b)构造详图(1:100、1:25、1:10)

⬆ 自助餐台由吊顶、立柱、台柜、地台等构造组合。先绘制平面图,再绘制主要剖面图,然后在剖面图上引出放大的构造详图,逐步深入,全面表述构造设计内容,强调材料工艺文字说明与尺寸标注。对于材料丰富的设计应选用多种填充图案来区分。

图 10-15 自助餐台平面图与构造详图

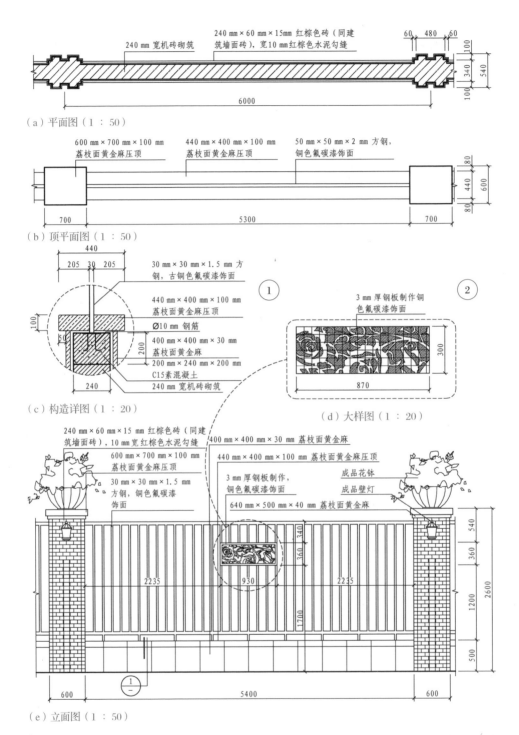

（a）平面图（1：50）

（b）顶平面图（1：50）

（c）构造详图（1：20）

（d）大样图（1：20）

（e）立面图（1：50）

⬆ 选择一段围墙作为一个设计单元，绘制基础平面图、顶平面图、立面图，由此引出重点部位的构造详图与大样图。详细标注材料工艺文字说明。

图10-16　围墙构造详图

178

第 11 章　轴测图

识读难度： ★★★★☆

核心概念： 轴测图、空间、纵深

章节导读： 轴测图是一种单面投影图，可在一个投影面上同时反映出物体 3 个坐标面的形状，且接近于人类的视觉习惯。轴测图作为辅助图样，形象、逼真、富有立体感，但它不能确切地反映物体真实的形状和大小。

在绘制轴测图之前需要提前了解轴测图的相关概念，如轴测图的特性、轴测图的分类等。对于绘制轴测图时需要遵守的相关绘图标准也需要有系统的了解，这样在需要时才可以快速地查找到。

11.1　轴测图基础

　　轴测图是指用平行投影法将物体连同确定该物体的直角坐标系一起，沿不平行于任一坐标平面的方向投射到一个投影面上所得到的图形，它既能反映出形体的立体形状，还能反映出形体长、宽、高三个方向的尺度，因此是一种较为简单的立体图（图 11-1～图 11-3）。

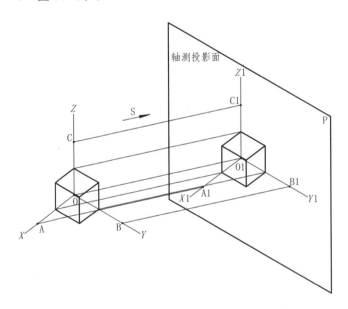

⬆轴测投影的平面，一般被称为轴测投影面。空间直角坐标轴 *OX*、*OY*、*OZ* 在轴测投影面上的投影 *O1X1*、*O1Y1*、*O1Z1* 被称为"轴测投影轴"，简称"轴测轴"。

图 11-1　轴测投影图的形成

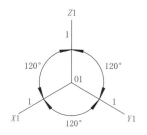

← 轴测轴之间的夹角∠X1O1Z1、∠X1O1Y1、∠Y1O1Z1，被称为"轴间角"。轴测轴投影的单位长度与空间直角坐标轴单位长度的比值，称为"轴向伸缩系数"，简称"伸缩系数"。

图 11-2　轴测轴和伸缩系数

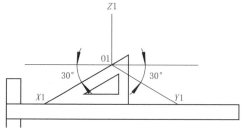

← 为作图方便，常采用简化的轴向伸缩系数来作图，如正等测的轴向伸缩系数由0.82放大到1（即放大了1.22倍），一般将轴向伸缩系数"1"称为"简化系数"。用简化系数画出的轴测图和用伸缩系数画出的正等测轴测图，其形状是完全一样的，只是用简化系数画出的轴测图在3个轴向上都放大了1.22倍。

图 11-3　轴测轴的画法

▶ 11.1.1　轴测图特性

1. 单面且平行

　　轴测图是用平行投影法进行投影所形成的一种单面投影图，它具有平行投影的所有特性，形体上互相平行的线段或平面，在轴测图中仍然互相平行。

2. 线段平行且可测量

　　轴测图在形体上平行于空间坐标轴的线段，在轴测图中仍与相应的轴测轴平行，并且在同一轴向上的线段，其伸缩系数相同，这种线段在轴测图中可以测量。

3. 平行投影面的形态真实

　　在轴测图中，与空间坐标轴不平行的线段，它的投影会变形（变长或变短），不能在轴测图上测量，形体上平行于轴测投影面的平面，应在轴测图中反映其实际形态。

▶ 11.1.2　轴测图分类

　　根据平行投影线是否垂直于轴测投影面，轴测图可分为两类。

1. 正轴测投影

　　平行投影线垂直于轴测投影面所形成的轴测投影图，称为"正轴测投影图"，简称"正轴测图"（图 11-4、图 11-5），根据轴向伸缩系数和轴间角的不同，又分为正等测和正二测。

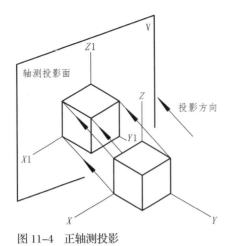

← 将设计对象摆正，形体投射到轴测投影面上为棱角突出状态的，为正轴测图。

图 11-4 正轴测投影

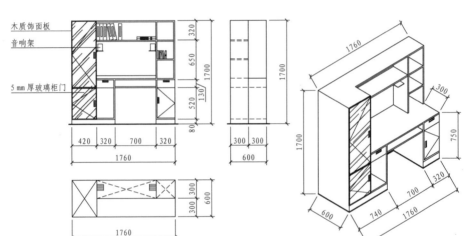

木质饰面板

音响架

5 mm 厚玻璃柜门

（a）三视图　　　　　　　　　　　　　　（b）正轴测图

↑ 正轴测图的根本是三视图，即整个设计构造的正立面图、侧立面图、顶平面图，对于复杂构造还要绘制出底平面图、后立面图等，这些图中的构造细节与尺寸直接影响轴测图的绘制。正轴测图的立体效果能给读图者带来真实的空间感受。

图 11-5 正轴测图

2. 斜轴测投影

平行的投影线倾斜于轴测投影面所形成的轴测投影图，称为"斜轴测投影图"，简称"斜轴测图"（图 11-6、图 11-7）。

→ 将设计物体从斜侧方观看，形体投射到轴测投影面上为底边平行状态，这样的轴测图称为斜轴测图。

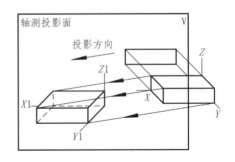

图 11-6 斜轴测投影

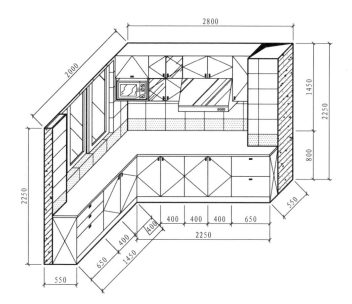

← 斜轴测图绘制简单，可以直接从正立面图延伸出侧面深度，空间感强烈，但是延伸出的侧面构造比较简单，甚至会让人感到失真。因此，斜轴测图适用于表现正立面面积较大，内容较复杂，而侧立面与其他立面面积较小，内容较简单的形体构造。

图 11-7　厨房橱柜斜轴测图

11.2　国家相关标准

《房屋建筑制图统一标准》GB/T 50001—2017 第 10.5 节指出：房屋建筑的轴测图宜采用正等测投影并用简化轴向伸缩系数绘制。

▶ 11.2.1　规范类型

为了进一步提高轴测图的适用性与表意性，在装饰装修设计图中，轴测图除了采用正等测（图 11-8）外，还可以考虑采用正二测（图 11-9）、正面斜等测（图 11-10）和正面斜二测（图 11-11）、水平斜等测（图 11-12）和水平斜二测（图 11-13）等轴测投影，并用简化的轴向伸缩系数来绘制。

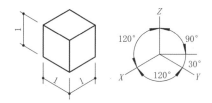

↑ 正等测各边长均为 1。形态端庄，适合表现底边尺寸近似的构造。

图 11-8　正等测画法

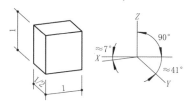

↑ 正二测纵深边长为 1/2。形态紧凑，适合表现纵深尺寸较大的构造。

图 11-9　正二测画法

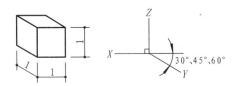

⬆ 正面斜等测各边长均为1。形态端庄，适合表现底边尺寸近似且形态端庄的构造。

图 11-10　正面斜等测画法

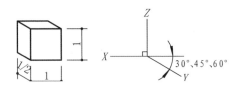

⬆ 正面斜二测纵深边长为1/2。形态紧凑，适合表现纵深尺寸较大的构造。

图 11-11　正面斜二测画法

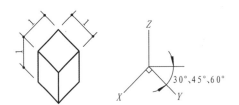

⬆ 水平斜等测各边长均为1。形态端庄，适合表现各边尺寸近似的构造。

图 11-12　水平斜等测画法

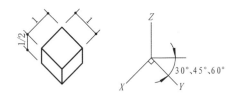

⬆ 水平斜二测高度边长为1/2。形态低矮，适合表现高度尺寸较大的构造。

图 11-13　水平斜二测画法

▶ 11.2.2　线形规定

1. 轮廓线

轴测图的可见轮廓线宜采用中实线绘制，断面轮廓线宜用粗实线绘制。不可见轮廓线一般不必绘出，必要时，可用细虚线绘出所需部分。

2. 材料图例线

轴测图的断面上应画出其材料图例线，图例线应按其断面所在坐标面的轴测方向绘制，如以 45° 斜线绘制材料图例线时，应按图 11-14 的规定绘制。

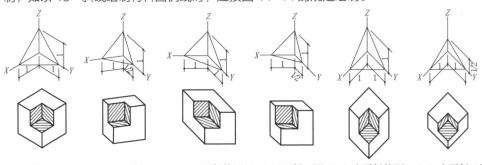

（a）正等测　　　（b）正二测　　　（c）正面斜等测（d）正面斜二测　（e）水平斜等测　　（f）水平斜二测

⬆ 内部材料应采用填充图案的方式来表现，错开填充图案的拼接边缘，使图案错位填充，形成较明显的界面区分。

图 11-14　轴测图断面图例线

▶ 11.2.3 尺寸标注

轴测图线性尺寸，应标注在各自所在的坐标面内，尺寸线应与被注长度平行，尺寸界线应平行于相应的轴测轴，尺寸数字的方向应平行于尺寸线，当出现字头向下倾斜时，应将尺寸线断开，在尺寸线断开处以水平方向注写尺寸数字（图 11-15 ~ 图 11-17）。

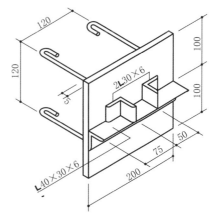

↑ 构件与零配件的轴测图尺寸起止符号宜用小圆点，避免与构件中的细节图线发生矛盾，小圆点大小与标注数据文字配套的句号相当。

图 11-15 轴测图线性尺寸的标注方法

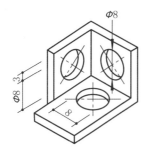

↑ 圆弧半径和小圆直径尺寸引出标注，但尺寸数字应注写在平行于轴测轴的引出线上。

图 11-16 轴测图圆直径标注方法

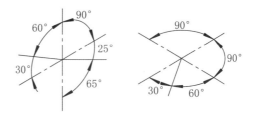

↑ 轴测图的角度尺寸，应标注在该角所在的坐标面内，尺寸线应画成相应的椭圆弧或圆弧，尺寸数字应按水平方向注写。

图 11-17 轴测图角度的标注方法

11.3 轴测图绘制方法

轴测图的表现效果比较直观，大多数人无须参考其他内容就能读懂，适用范围很广。高层建筑、园林景观、家具构造或饰品陈设等都能被很完整、很直观地表现出来。这里以某厨房中橱柜的设计方案为例详细讲解轴测图的绘制与识读方法。

▶ 11.3.1 绘制三视图

绘制轴测图之前必须绘制完整的投影图。平面图、正立面图、侧立面图是最基本的投影图，又称"三视图"，能为绘制轴测图提供完整的尺寸数据（图11-18）。

绘制三视图还能让绘图者辨明设计对象的空间概念和逻辑关系。厨房的橱柜构造以矩形体块为主，绘制三视图必须完整，连同烟道、窗户、墙地面瓷砖铺设的形态都要绘制出来。平面图中要标明内饰符号，并标注尺寸与简要文字说明，尤其要注意三视图的位置关系必须彼此对齐，这样在绘制轴测图时才能方便识别。

➡⬇ 整体空间的三视图要经过仔细考虑、筛选，将后期需要绘制的轴测图的主要立面绘制出来。通常，轴测图只会显示出一个构造中的三个面。

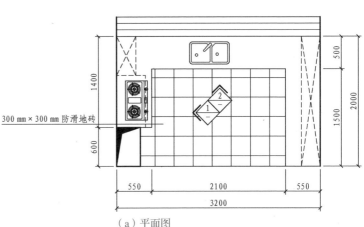

（a）平面图

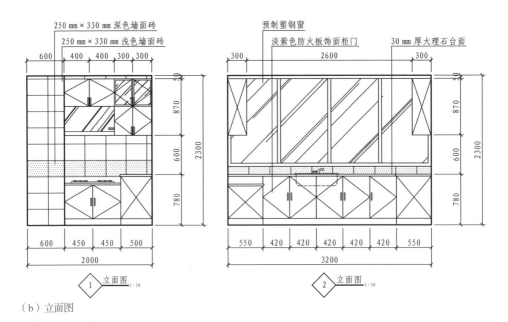

（b）立面图

图11-18 橱柜三视图（1：50）

11.3.2　正确选用轴测图

　　轴测图表现效果的好坏关键在于是否选择了适当的种类。根据上文所述，正轴测图适用于表现有两个重要面域的设计对象，能均衡设计对象各部位的特征，但是图中主要结构线都与图面有一定的角度；斜轴测图适用于表现有一个重要面域的设计对象，能完整表现平整面域中的细节内容，使阅读更直观，但是立体效果没有正轴测图出色。

　　轴测图中的等测、二测甚至三测图的选择要视具体表现重点而定。等测图适用于纵、横两个方向都是表现重点的设计对象，二测图和三测图等则相应在纵向上做尺寸省略，在一定程度上提高了制图效率。该橱柜的主要表现构造可以定在 1 立面和 2 立面上，由于 2 立面的长度大于 1 立面，且柜门数量较多，故选用斜等测轴测图来绘制，这样既能着重表现 2 立面又能兼顾表现 1 立面。

11.3.3　绘制轴测图

1. 建立空间构架

　　绘制斜等测轴测图首先要确定倾斜角度，为了兼顾 1 立面图（图 11-18）中的主体构造，可以选择倾斜 45° 绘制基本空间构架。所有纵向结构全部以右倾 45° 方向绘制，等测图的尺度应该与实际相符。橱柜的主体结构采用中实线绘制，地面、墙面、顶棚边缘采用粗实线绘制，为了提高制图效率，可以采用折断线省略次要表现对象或者非橱柜构造（图11-19）。

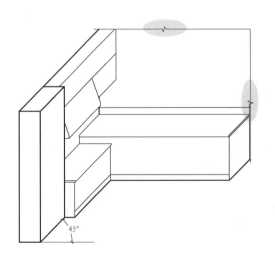

← 由立面图延伸出主体构造，区分墙体与家具之间的线条，墙体采用粗实线，家具构造采用中实线。

图 11-19　橱柜轴测图绘制步骤一

2. 增添细节形态

绘制完空间构架后可以逐一添加橱柜的细节形态，一般先绘制简单的平行面域，再绘制倾斜面域，或者由远及近绘制，不要遗漏各种细节。在斜轴测图中，平行面域中的构造可以直接复制或描绘立面图，如该橱柜三视图中的 2 立面图（图 11-18），只是要注意细节的凸凹。

抽油烟机、水槽、炉灶等成品构件只需绘制基本轮廓，或指定放置位置即可，当然，也可以调用成品模型库，这样图面效果会更加精美。当全部细节都绘制完成后，要再仔细检查一遍，尤其是细节构造中的图线倾斜角度是否正确、一致，发现错误要及时更正（图 11-20）。

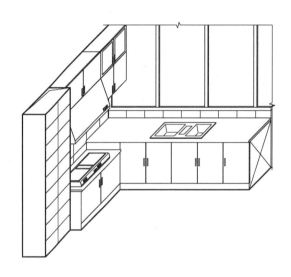

← 绘制出家具中的构造细节与墙面瓷砖填充，轴测图中的电气设备一般需要自行绘制，因为这些构造的角度要根据轴测图的角度来确定。

图 11-20　橱柜轴测图绘制步骤二

3. 填充与标注

绘制完成后可以根据三视图中的设计构思对轴测图进行填充，材质填充要与三视图一致，着重表现橱柜的材料区别。尺寸标注与文字标注可以直接参照三视图，但是要注意处理好位置关系，不宜相互交错，以免图面效果混淆不清。

当轴测图全部绘制完毕后，再作一遍细致的检查，确认无误即可标写图名和比例。轴测图的绘制目的主要在于表现设计对象的空间逻辑关系，如果其他投影图表现完整，则可以只绘制形体构造，不用标注尺寸与文字（图 11-21）。

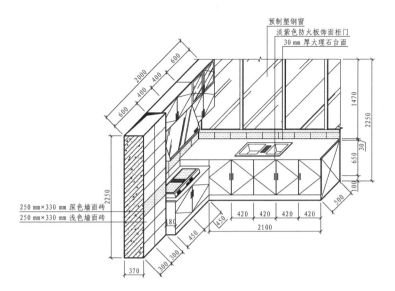

↑ 标注尺寸与材料说明，对墙体截面、瓷砖、玻璃进行必要的填充，使图面效果更直观。注意标注尺寸数据不要被相互穿插的线条所遮挡。

图 11-21　橱柜轴测图绘制步骤三（1∶50）

11.4　轴测图案例

绘制轴测图需要具备良好的空间辨析能力和逻辑思维能力，这些可以在制图学习过程中逐渐培养，关键在于勤学勤练，初学阶段可以针对每个设计项目绘制相关的轴测图，这对提高空间意识和专业素养有很大的帮助（图 11-22 ~图 11-24）。

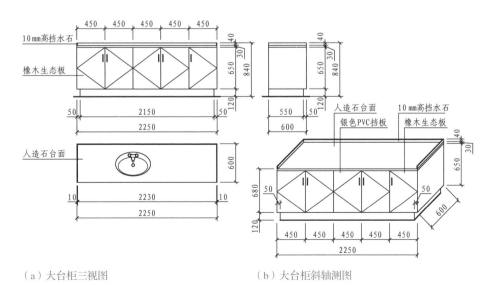

（a）大台柜三视图　　　　　　　　　　　（b）大台柜斜轴测图

图 11-22　卫浴大台柜三视图与斜轴测图

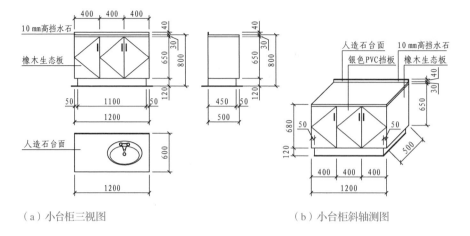

（a）小台柜三视图   （b）小台柜斜轴测图

⬆ 严格绘制出卫浴台柜的三视图后，根据结构特征，选择斜轴侧图来表现家具的立体空间效果，特别注意台柜底部收缩的构造，收缩的 50 mm 要从多个方向确定。

图 11-23　卫浴小台柜三视图与斜轴测图（1 ∶ 50）

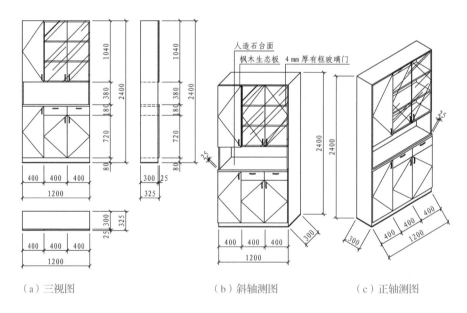

（a）三视图   （b）斜轴测图   （c）正轴测图

⬆ 根据三视图分别绘制书柜的斜轴测图与正轴测图，从两个视角来确定书柜的空间造型，明确柜门厚度与玻璃柜门构造。

图 11-24　书柜三视图与轴测图（1 ∶ 50）

第12章　优秀图纸解析

识读难度：★★☆☆☆

核心概念：施工图、构造图、节点图

章节导读：优秀的设计图纸无处不在，书籍、杂志、网络等都可以是图纸来源，对于图面信息丰富、制图手法规范、视觉效果良好的设计图纸应该及时保存下来，复印、扫描、拍摄均可。关键在于日常养成良好的收集习惯，将设计制图与识读由专业学习转变为兴趣爱好。

优秀的设计图纸能够帮助我们吸取前辈的经验，对实际的设计和现场施工操作也会有很大的帮助，但是要注意筛选图纸。在查看相关图纸时注意记录知识点，以待备用。

12.1 住宅设计图

住宅是最为常见的建筑空间，住宅设计图首先需要呈现的就是平面布置图，平面布置图展示了设计师的具体设计理念以及客户想要达到的平面效果，家居空间的平面布置图一般根据功能分区主要包括客厅、餐厅、卫生间、厨房、阳台以及卧室等的平面布置图（图 12-1 ~ 图 12-12）。

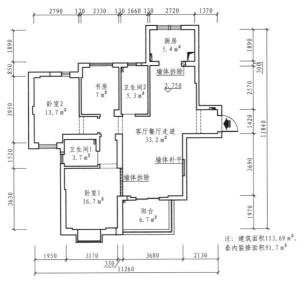

← 原始平面图中每个房间的建筑面积均要标注出来，方便后期计算施工量。

图 12-1　原始平面图（1：150）

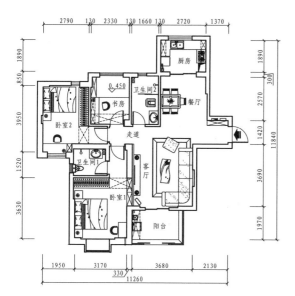

← 由于后续图纸中包含地面铺装图，因此在平面布置图中仅标注空间名称，绘制家具构件，不对地面铺装材料进行图案填充。

图 12-2　平面布置图（1：150）

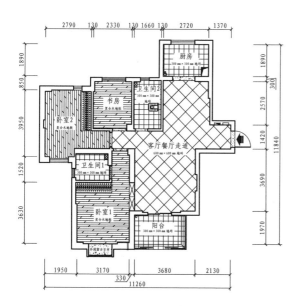

↑ 地面铺装图要表现出地面材料的填充效果，标注出空间名称与铺装材料名称，文字不能与图线交错。

图 12-3　地面铺装图（1：150）

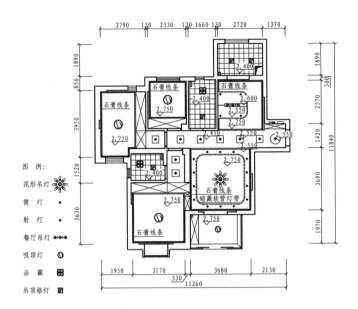

↑ 顶面布置图在住宅装修施工图中也是比较重要的一部分，一是它会影响整体的空间布局，二是它对于灯具的布局也会有影响。

图 12-4　顶面布置图（1 ∶ 150）

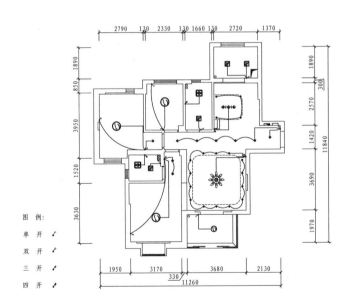

↑ 灯具之间的电线用弧线表示，灯具与开关之间的电线用直线表示，可通过这种形式来区分这两种电线。

图 12-5　灯具布置图（1 ∶ 150）

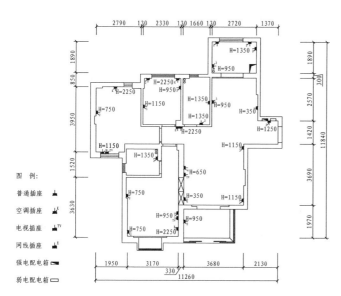

← 插座布置靠墙，符号大小适宜，需设计出安装高度与数量。

图 例：

普通插座

空调插座

电视插座

网线插座

强电配电箱

弱电配电箱

注：图中插座的角标数字 1、2、3 等表示插座数量。

图 12-6　插座布置图（1：150）

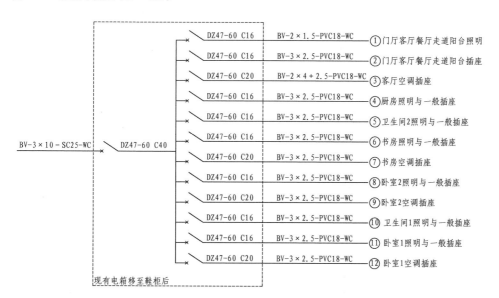

↑ 主线进入总空气开关后被分为多支分路，供给不同功能区与电气设备，选用的空气开关电流规格也由高向低逐渐转变，如总空气开关为 C40，转移到分支空气开关上为 C20 或 C16。电线粗细也会由粗变细，由截面面积为 10 mm² 转变至截面面积为 2.5 mm² 的线。进入室内后所有电线穿入 φ18 mm 的 PVC 管中，暗装（WC）至墙体结构内。

图 12-7　电路系统图

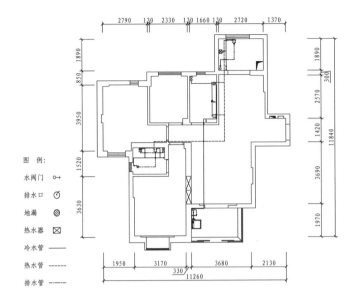

图例：

水阀门　　○→

排水口　　Ó

地漏　　　◎

热水器　　⊠

冷水管　　——

热水管　　— · —

排水管　　— — —

← 一个水阀门图例表示
一种给水管道的终端，
冷热水混合的水管终端
为两个水阀门图例。

图 12-8　给水排水布置图（1：150）

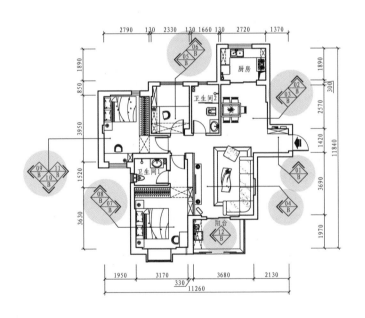

← 立面索引符号所指向
的室内空间立面，均为
需要设计的较复杂立面，
具有较丰富的装饰造型
或家具构造，通常每个
形态规整的空间中会有
2～4个需要标注并精细
化设计的立面。

图 12-9　立面索引图（1：150）

196

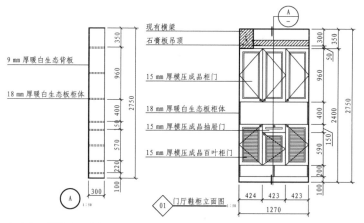

9 mm 厚暖白生态背板

18 mm 厚暖白生态板柜体

现有横梁
石膏板吊顶

15 mm 厚模压成品柜门

18 mm 厚暖白生态板柜体
15 mm 厚模压成品抽屉门
15 mm 厚模压成品百叶柜门

01 门厅鞋柜立面图 1:50

（a）门厅鞋柜立面图

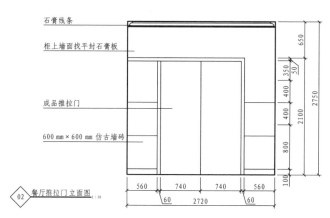

石膏线条

柜上墙面找平封石膏板

成品推拉门

600 mm × 600 mm 仿古墙砖

02 餐厅推拉门立面图 1:50

（b）餐厅推拉门立面图

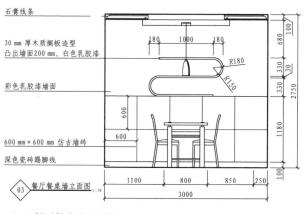

石膏线条

30 mm 厚木质搁板造型
凸出墙面200 mm，白色乳胶漆

彩色乳胶漆墙面

600 mm × 600 mm 仿古墙砖
深色瓷砖踢脚线

03 餐厅餐桌墙立面图 1:30

（c）餐厅餐桌墙立面图

← 该立面图主要表现了家具、墙体装饰造型、门窗形体构造，设计对象多为复杂的构造。对于简单构造可以有选择地绘制，但是需要对设计对象的尺寸进行严格标注，引出主要装饰材料文字说明，并将其注释在图纸外部。

图 12-10　立面图一（1：50）

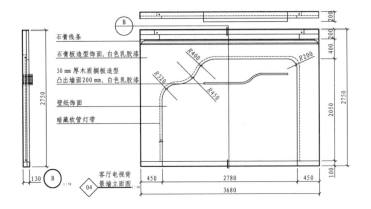

客厅电视背景墙立面图。住宅电视背景墙立面图要表现出层次结构，装饰造型凸出原有墙面的尺寸要在剖面图中反映出来，同时在立面图上也要有文字指引说明。

（a）客厅电视背景墙立面图

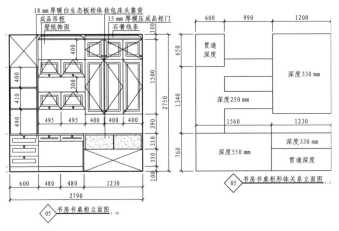

（b）书房书桌柜立面图

书柜的立面造型较复杂，不同造型厚度不一，可以额外绘制形体关系立面图来表现书柜、书桌、床头造型的深度。

图 12-11　立面图二（1：50）

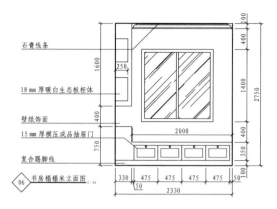

石膏线条

18 mm 厚暖白生态板柜体

壁纸饰面

15 mm 厚模压成品抽屉门

复合踢脚线

06　书房榻榻米立面图 1:50

（a）书房榻榻米立面图

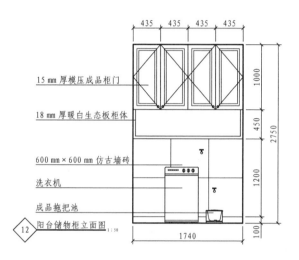

15 mm 厚模压成品柜门

18 mm 厚暖白生态板柜体

600 mm×600 mm 仿古墙砖

洗衣机

成品拖把池

12　阳台储物柜立面图 1:50

← 阳台洗衣机上方的储物柜分为上下两个部分，上部为平开门，下部为搁板。墙面铺贴仿古墙砖，形成完善的功能使用区。

（b）阳台储物柜立面图

图 12-12　立面图三（1 ： 50）

12.2　办公室设计图

办公室作为工作办公的场所，首先要考虑到的就是通过装修施工活跃企业氛围，增强员工工作积极性，同时也要营造一种舒适感。办公室的工作空间要求有足够的绿化、足够的工作空间、足够的行走空间以及视觉上的不重复感，因此在设计和绘制施工图时就需要考虑到这几点，并结合现场情况进行合理且有创新的设计（图 12-13 ～图 12-20）。

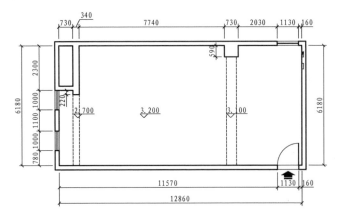

← 办公区原始造型较简单，需要绘制房间的主体空间形态。记录空间顶部横梁位置与层高。

图 12-13 原始平面图（1：150）

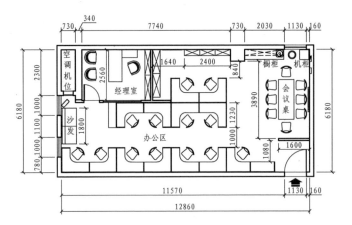

← 设计办公家具的布置位置，标注内部构造与家具的主体尺寸、空间名称等信息。

图 12-14 平面布置图（1：150）

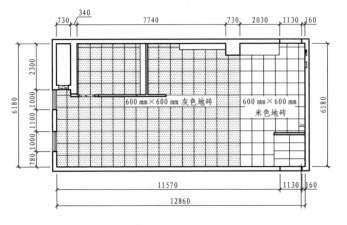

← 地面铺装材料拼接严谨，采用不同色彩地砖拼接铺装，需要标注材料规格与色彩。

图 12-15 地面铺装图（1：150）

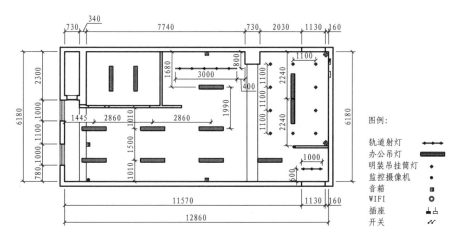

图例：

轨道射灯
办公吊灯
明装吊挂筒灯
监控摄像机
音箱
WIFI
插座
开关

⬆ 顶面布置图需要绘制灯具造型与灯具数量，标注灯具安装间距，以及灯具与墙体之间的距离等数据。

图 12-16　顶面布置图（1：150）

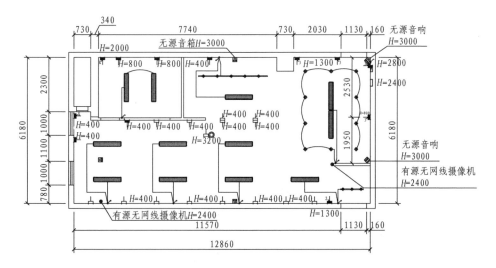

⬆ 在顶面布置图的基础上将墙体构造线转换为细实线，灯具之间用弧线连接，并绘制插座与开关，标注主要开关与插座的安装高度。

图 12-17　电路布置图（1：150）

201

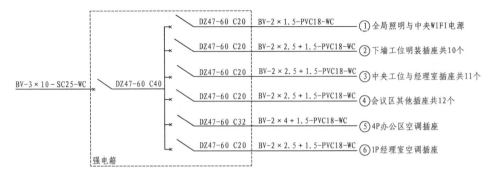

↑ 主电线进入室内空气开关后，分支为多条线路，供给不同的用电区域，每个区域的用电功率预先需要粗略计算，让用电功率与电线粗细、空气开关承载电流相匹配。

图 12-18　强电系统图

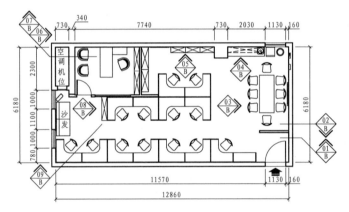

← 将室内空间的主要设计立面标识出来，并引出索引符号。索引符号中的"B"表示这些立面图属于B类图纸，位于A类平面图的后部。索引符号中的数字表示后续需要设计绘制的立面图的流水编号。

图 12-19　立面索引图（1∶150）

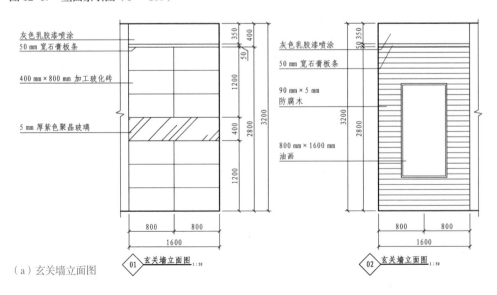

（a）玄关墙立面图

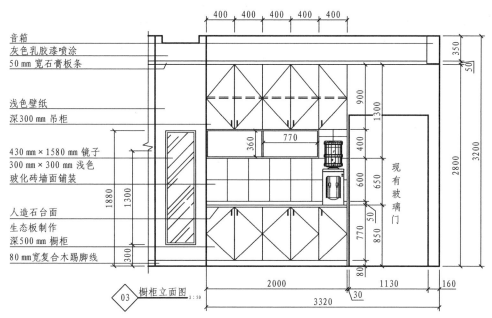

音箱
灰色乳胶漆喷涂
50 mm 宽石膏板条

浅色壁纸
深300 mm 吊柜

430 mm × 1580 mm 镜子
300 mm × 300 mm 浅色
玻化砖墙面铺装

人造石台面
生态板制作
深500 mm 橱柜
80 mm 宽复合木踢脚线

03 橱柜立面图 1:50

（b）橱柜立面图

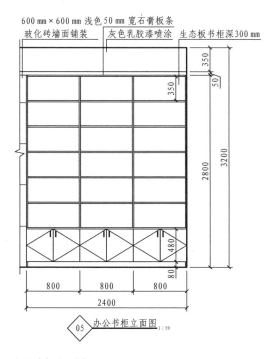

600 mm × 600 mm 浅色 50 mm 宽石膏板条
玻化砖墙面铺装　灰色乳胶漆喷涂　生态板书柜深300 mm

05 办公书柜立面图 1:50

（c）书柜立面图

图 12-20 立面图二（1：50）

← 对于造型较复杂的整体家具墙面可取
其中一部分设计，重点表现这段墙面的
家具构造即可，详细标注家具内部构造
尺寸数据。

附录　AutoCAD 快捷键一览表

序号	图标	命令	快捷键	释义
1		LINE	L	绘制直线
2		PLINE	PL	绘制多段线
3		MLINE	ML	绘制多线
4		SPLINE	SPL	绘制样条曲线
5		XLINE	XL	绘制构造线
6		RECTANG	REC	绘制矩形
7		POLYGON	POL	绘制多边形
8		CIRCLE	C	绘制圆
9		ELLIPSE	EL	绘制椭圆
10		ARC	A	绘制圆弧
11		DONUT	DO	绘制圆环
12		WBLOCK	W	创建图块
13		INSERT	I	插入图块
14		BLOCK	B	块编辑器
15		TABLE	TB	插入表格
16		POINT	PO	绘制点
17		DIVIDE	DIV	定数等分
18		MEASURE	ME	定距等分
19		HATCH	H	图案填充
20		REGION	REG	面域
21		MTEXT	T / MT	多行文字
22		TEXT		单行文字

序号	图标	命令	快捷键	释义
23		QDIM		快速标注
24		DIMLINEAR	DLI	线性标注
25		DIMALIGNED	DAL	对齐标注
26		DIMARC	DAR	标注弧长
27		DIMRADIUS	DRA	标注半径
28		DIMDIAMETER	DDI	标注直径
29		DIMANGULAR	DAN	标注角度
30		DIMBASELINE	DBA	基线标注
31		DIMCONTINUE	DCO	连续标注
32		TOLERANCE	TOL	公差（形位公差）
33		QLEADER	LE	引线标注
34		ERASE	E	删除图形
35		COPY	CO	复制图形
36		MIRROR	MI	镜像图形
37		OFFSET	O	偏移图形
38		ARRAY	AR	矩形阵列
				环形阵列
				路径阵列
39		MOVE	M	移动图形
40		ROTATE	RO	旋转图形
41		SCALE	SC	依据比例缩放图形

序号	图标	命令	快捷键	释义
42		STRETCH	S	拉伸图形
43		LENGTHEN	LEN	拉长线段
44		TRIM	TR	修剪图形
45		EXTEND	EX	延伸实体
46		BREAK	BR	打断线段
47		CHAMFER	CHA	对图形进行倒直角处理
48		FILLET	F	对图形进行圆角处理
49		EXPLODE	X	分解、炸开图形
50		JOIN	J	合并图形
51		LIMITS		设置图形界限
52			F1	获得更多帮助
53			F2	显示文本窗口
54			F3	对象捕捉
55			F4	三维对象捕捉
56			F6	控制状态行上坐标
57			F7	显示栅格
58			F8	正交
59			F9	捕捉模式
60			F10	极轴追踪
61			F11	对象捕捉追踪
62			F12	动态输入

序号	图标	命令	快捷键	释义
63			Ctrl + Shift + P	快捷特性
64			Ctrl + W	选择循环
65		DIMSTYLE	D	标注样式管理器
66		DDEDIT	ED	编辑文字
67		HATCHEDIT	HE	编辑图案填充
68		LAYER	LA	图层特性管理
69		MATCHPROP	MA	特性匹配
70		NEW	Ctrl + N	新建文档
71		OPEN	Ctrl + O	打开文档
72		SAVE	Ctrl + S	保存文档
		SAVEAS		文档另存为
73		PASTECLIP	Ctrl + V	将剪贴板中的对象粘贴到当前图形中
74		COPYCLIP	Ctrl + C	将选定对象复制到剪贴板
75		U	Ctrl + Z	放弃命令
76		PLOT	Ctrl + P	打印
77		SHEETSET	Ctrl + 4	图纸集管理器
78		PROPERTIES	Ctrl + 1	特性
79		DIST	DI	测量距离
80		QDICKCALC	Ctrl + 8	快速计算器
81		TOOLPALETTES	Ctrl + 3	工具选项板窗口
82		ADCENTER	Ctrl + 2	设计中心

参考文献

[1]中华人民共和国住房和城乡建设部. 房屋建筑制图统一标准: GB/T 50001—2017[S]. 北京：中国建筑工业出版社，2018.

[2]中国计划出版社. 建筑制图标准: GB/T 50104—2010[S]. 北京：中国计划出版社，2010.

[3]中华人民共和国住房和城乡建设部. 总图制图标准: GB/T 50103—2010[S]. 北京：中国建筑工业出版社，2010.

[4]中华人民共和国住房和城乡建设部. 建筑给水排水制图标准: GB/T 50106—2010[S]. 北京：中国建筑工业出版社，2010.

[5]中华人民共和国住房和城乡建设部. 暖通空调制图标准: GB/T 50114—2010[S]. 北京：中国建筑工业出版社，2011.

[6]中华人民共和国国家发展和改革委员会. 水电水利工程电气制图标准: DL/T 5350—2006[S]. 北京：中国电力出版社，2007.

[7]郭志强. 装饰工程节点构造设计图集 [M]. 南京：江苏凤凰科学技术出版社，2018.

[8]曾华斌. 室内设计施工图绘制 [M]. 北京：经济管理出版社. 2015.

[9]本书编委会. 装饰装修施工图识读 [M]. 北京：中国建筑工业出版社，2015.

[10]刘克明. 中国工程图学史 [M]. 武汉：华中科技大学出版社，2003.

[11]何铭新，郎宝敏，陈星铭. 建筑工程制图 [M]. 北京：高等教育出版社，2004.

[12]沈百禄. 建筑装饰装修工程制图与识图 [M]. 北京：机械工业出版社，2007.

[13]高祥生. 房屋建筑室内装饰装修制图标准实施指南 [M]. 北京：中国建筑工业出版社，2011.